読む楽考　　絞殺の方程式

横山千太郎

目次

はじめに 7

[第1章] 数列とは何だろうか

数列とは 12

いくつかの数列の例 20

[第2章] 等差数列

等差数列 32

漸化式 34

等差数列の性質 36

等差数列の和 39

碁石を使って 三角数・四角数 44

あるパズル　46

等差中項を使って　49

[第3章] **等比数列**

等比数列　56

等比数列の性質　61

等比数列の和　64

因数分解の公式としての等比数列の和　66

等差数列と等比数列の和　68

複利計算　71

一つのパズル　74

[第4章] **数列についてのいろいろな話題**

乱数列　80

自然数の2乗、3乗の数列 83

2次式、3次式で表される数列 91

等差数列と素数 95

逆数のつくる数列(1) 108

オイラーによる、素数が無限個あることの証明 119

逆数のつくる数列(2) ゼータ関数 127

調和級数をめぐる不思議なパズル 132

ファレイ数列 136

フィボナッチ数列 146

[第5章] **差分方程式と母関数**

差分方程式 174

数列と母関数 195

第6章 数列と集合論

もう一度数列とは 218
正の分数全体のつくる数列 222
正の実数全体のつくる数列? 225
数列の列とカントルの対角線論法 233
実数を無限数列で表すということ
——区間縮小法をめぐって—— 238

終わりに もう一度、数列とは何だろうか 245

文庫版おわりに 251

参考文献 254

はじめに

この本は数列と級数についてのいろいろな話題を扱います。数列とは読んで字のごとく、数の列のことで、もちろん小学校で最初に学ぶ数学（算数）の中にも 1, 2, 3, 4 という形で数列がでてきます。自然数の列は立派な数列ですが、小学生の子供たちがこれを数の列と考えることはあまりないかも知れません。

本格的な数学の対象として数列を学ぶのは高等学校になってからです。一定の規則で並んでいる数の列はそれ自身きれいでもあります。規則を発見することはパズル的な興味もありますし、隠された法則を見つけることは数値の答を見つけるのとはまた違った面白さがあります。

また、級数とはそのような数を $+$ の記号で結んだ「和」のことをいいます。これは有限個の数の和のこともあるし、無限個の和のこともあります。たとえば、円周率 π をそのような無限個の数の和の形で表す公式もたくさんあります。

級数は少し進んだ数学ではとても大切な役割を果たすもので、とくに和をとる対象を数から関数に変えて無限個の関数を $+$ で結んでできる無限級数は、数学の発展にとても重要な役割を果たしました。多くの関数はこのような「無限級数として関数を表す」という視

点を通して見なおすことで、その性質がよく捉えられるようになります。

ところで、級数を厳密に扱うときは、「無限個の和とはなんだろうか」という視点がとても大切です。有限個の数のたし算の場合は、和とは何かがはっきりしていますが、無限個の数のたし算では和とは何かが問題になり、級数がどんな場合に和を持ち、どんな場合に和を持たないのかをきちんと見極める必要があります。

これは本格的に数学を展開するときは避けて通れない重要な視点で、多くの級数の本では、級数が和を持つための条件をきちんと説明することに目標をおいています。級数が和を持つ条件を数学的に厳密に調べるのはそれほど簡単なことではありません。けれども、本書ではそのような級数の厳密な扱いをあえてしませんでした。級数の和を直感的に扱っても、そこから分かるいろいろな興味深くかつ面白い事実があります。

本書ではそのような個々の個性のある特別な数列や級数について紹介することに主眼をおきました。これはある意味では具体例という世界で、数学とはもともと抽象的な学問なので、具体的といっても無限個の数のたし算の世界で、この世界に実際に手触りのあるモノとして存在するという意味ではありません。それでも、これらの数列には具体的なモノとしての「手触り」があるのではないかと、密かに考えています。いわば、数列と級数という新しい数学の対象を様々な側面から楽しんでみようということを、数学を学び楽しむうえで、人が本来持っていると思われる感覚的な理解を大切にし、い

本書では試みました。数学の感覚的な理解はよく言われるように厳密性と対立するものではなく、厳密な論理性を補強し助けるものだと思います。

本書で扱う数学は、内容的には高等学校で学ぶ数学にほんの少しだけ新しい視点を付け加えたものです。本書を通して数列、級数の面白さに興味を持たれた方は、ぜひ進んで本格的に級数を学んでいただきたいと思います。

瀬山士郎

第1章 数列とは何だろうか

数列とは

 数学はこの世界の様々なものを研究対象にしています。少し風呂敷を広げていえば、数学の研究対象にならないものはない！といいたいところですが、もちろんこれは風呂敷の広げすぎでしょう。それでも、「数学とは何か」という問いかけに対してある数学者は、「その数学者が興味を持ったものなら何でも数学の研究の対象である」という意味のことを語りました。これだと、世界中の数学者の数だけいろいろな数学がある、ということになりそうです。

 日本語で算数は「数の計算」、また数学というと「数の学問」という感じがありますが、英語のマセマティクスの語源はギリシア語のマテーマタという言葉で、そもそもは「学ばれるべきもの」という学問全体を表す言葉だったそうです。ギリシアのマテーマタは「数論・幾何学・天文学・音楽」の四つに分かれていました。これらはすべて古代ギリシアの「学ばれるべきもの」だったのです。

 天文学、音楽まで数学の仲間だった、こう考えると、数学の研究対象がこの世界そのものだ、という感覚も分かるような気がしませんか。数論はこの世界の量的な側面を扱い、幾何学で形を調べ、そして遥か天空に思いをはせ、そして音楽で感性を養う、要するにマテーマタとは人が学ぶべき教養そのものだったのでしょう。

そうはいっても、数学に初めて接する小学生は（算数とは小学校で学ぶ数学のことです）最初に数とその計算を学びます。確かに算・数ですね。それが数学のもっとも大切な基本の一つだからです。

小学校では、1, 2, 3, …という自然数から始まり、小数、分数とは何かを知り、その計算の仕方を学びます。それは、この世界の様々なこと、個数、長さ、重さ、面積、速さ、割合などが、が数で表現され、数の計算を使ってその様子を調べることができるからにほかなりません。これらの数は、小学校では個別、単独の数として現れますが、やがて、一つひとつの数ではなく、あるまとまりを持った数たちが研究の対象になります。

そのまとまり方にはいろいろなものがあります。たとえば自然数の全体、分数の全体、あるいは実数の全体というまとまり方があります。これらは集合という概念でひとまとめにできます。その中の一つに「数列」という考え方があります。数列とはある視点でまとめられた数たちの集まりです。ただし、集めるだけではなく、並べ方も問題にします。本書ではその数列と、それに密接な関係がある級数について、いろいろな話題を通して調べていこうと思います。

さて、数列といえば数の列、数が並んでいる列、という意味でしょうか。数学の研究対象としては高等学校で初めて数列という用語とその性質が現れますが、数の列そのものはもっと前、小学生の頃からでてきます。小学生が学ぶ自然数は最初から書いてみると、

1, 2, 3, 4, 5, …

で、1から始まり、順番に1ずつ大きくなっていく数の列になりますが、これは立派な数列です。どんな数でも順番に並べればそれは数列になります。

昔、こんなクイズがありました。

七つの数が次のように並んでいる。

1, 3, □, 6, 8, 10, 12

この□の中に当てはまる数を書きなさい。

これはある種の数列ですから、□の中に当てはまる数を書けというのは、この数の並びの規則を見つけて、その規則にしたがって数字を書きなさいということでしょう。さて、□の中には何が入るのでしょうか? 分かりますか?

□の中には4が入ります。

1, 3, 4, 6, 8, 10, 12

どんな規則で数が並んでいる？

この問題はパズルではなくてクイズです。あまり真面目に考えられると困ってしまうのですが、これは1960年代当時、東京で見ることができたテレビのチャンネルの数字、というのが答です。

以上は冗句ですが、次の数の列はどうでしょうか。

6, 8, 5, 8, 4, 0, 7, 3, 4, 6, 4, 1, 0, 2, 0, …

これは数学者の故矢野健太郎が書いた本の中に、数学の問題として出てくるものです。

この数列の規則が分かるでしょうか？

数学というよりクイズなので、あまり真面目に考えずになんとなくぼんやりと見てみましょう。

この数列と同時に、その上にこんな数列を書いてみます。

3, 1, 4, 1, 5, 9, 2, 6, 5, 3, 5, 8, 9, 7, 9, …
6, 8, 5, 8, 4, 0, 7, 3, 4, 6, 4, 1, 0, 2, 0, …

上の数列の数と下の数列の数をたすと9になります。ところで、上の数の並び方はどこかで見たような気がします。じーっと見ていると、あっ、これはπの小数展開じゃないか、ということで、πの小数展開の値を9から引いた数を並べたもの、これが下の数列の規則(?)でした。この数列も一種の冗句で、並び方の規則を見つけるというのは数学というよりカンですが、このように、数を並べたものを数列といいます。

[定義]

ある規則によって数を並べた列

$a_1, a_2, a_3, …$

を数列といい、無限個の数が並んでいるものを無限数列、有限個の数が並んでいるものを有限数列という。

これは普通の高校教科書に出てくる数列の定義です。数を文字を使って表して書いていきますが、何個の数があるか分からないので、$a, b, c,$ …と書かないで、数に番号をふり、

$a_1, a_2, a_3, \ldots$ と表します。ここでは「ある規則」という言葉が大切です。どんな規則なのかを考えることが数列を調べる第一歩になります。ただ、規則という言葉は広い意味を持つ（規則がないというのも規則のうち?!）ので、いろいろと考えなければならないこともあります。とりあえず、ここでは、数列をこのように定義します。

この念のため、専門書の『岩波数学入門辞典』も引用しておきましょう。

[定義]
自然数 $1, 2, 3, \ldots$ のそれぞれに対して数 $a_1, a_2, a_3, \ldots$ が定まっているとき、これを数列という。

この定義、何回も読んでいると、「これを数列という」の「これを」が気になってくる人もいるかも知れませんね。
「これを」ってどれを？
これは「この数の並びを」、あるいは「定める規則を」と読んでください。あるいは人によっては、「定まっている」という言葉が気になるかも知れません。定め方もたくさんあります。数式によって定められるというのはその一つの例です。
これからの話のためにいくつか数列の用語を用意します。

数列の最初の数 a_1 を初項といい、並んでいる数を数列の項といいます。初項以下、順に第2項、第3項、先頭から数えて n 番目の項を第 n 項といいます。また、有限数列のときは最後の項を末項といいます。第 n 項のことを一般項ともいいます。

初項から始めて各項を順番に書いていくのは数列を表す一つの方法ですが、長くなるので、一般項だけを取り出して、数列を $\{a_n\}$ とも書きます。

この定義を見ていると、数列とはこんな関数だと見ることもできます。

$$S = \{1, 2, 3, \cdots\}$$

を自然数の集合とし、

$$R = \{x \mid x \text{ は実数}\}$$

を実数の集合としたとき、数列とは、関数（写像）

$$f(n) : S \to R$$

この関数の値を $f(n)=a_n$ と書いているわけです。このとき、数列という名前の関数 f は n から a_n を定める規則のことになります。これが前に引用した教科書の定義を少し数学らしく述べたもので、数学入門辞典の「これを」にあたる部分です。

数がまったくでたらめに並んでいても数列に違いはありませんが、その場合は数列の性質を調べることは難しいでしょう。「でたらめに並んでいる」というのが規則そのものです。

たとえば、サイコロを振り、出た目を順番に並べていっても数列をつくることができますが、この場合は数列をつくるという具体的な行為をしなければ、数列を定めることはできません。このときの $f(n)$ は「サイコロを何回も振る。n 回目に出た目を $f(n)$ とする」と言葉で表現するほかはありません。

実際にサイコロを10回ふって出た目を記録したものが次の数列です。

3, 6, 6, 5, 2, 6, 6, 1, 6, 1, …

あれ、6の目が出る回数が少し多すぎるような気がしますし、4が1回も出ていません。サイコロに仕掛けでもあったのか。でも、たった10回の試行ですから、これだけでは何ともいえません。この数列では11番目の数が何になるのかは、サイコロを振ってみないと分

かりません。第10項までがどうなっていても、その数からこの数列の11項目を推測することはできない。4がそろそろ出そうだというのはよくある数学的な間違いです。サイコロは過去を覚えていない！ 4がそろそろ出そうだから、ここらで4でも出してやろうか、とは考えません。サイコロはいままで4が出ていなかったから、ここらで4でも出してやろうか、とは考えません。このような数列を乱数列、あるいは乱数といいます。乱数はとても大切な役割をもっている数列なのですが、数列の規則性という視点でみると扱いはとても難しくなります。

ですから、普通は一定の規則で順番に並んでいる数を数列といいます。この規則の中には比較的簡単なものもあり、また、少しひねった難しいものもあります。パズルめいた規則もないわけではありません。また、規則がかならず数式で表されている必要もありません。規則が言葉で述べられていてもいいとします。

いくつかの数列の例

たとえば、次のような数列がどんな規則でできているのか分かるでしょうか。

例1　素数の列

いくつかの数列の例

たとえば、

2, 3, 5, 7, 11, 13, 17, 19, 23, …

と並べられても、そこだけから数列の規則を導くことは厳密にいえば不可能です。

数学が好きな人なら、この数列は素数を並べたものだということが見抜けると思います。もっとも、少し理屈っぽい人だと、23のあとが分からないのだから、本当に素数の列かどうかは分からないというかも知れません。それは確かにその通りで、有限個の数をいくつ

1, 2, 3, 4, …, 100

という数列の次の数は？ と聞かれれば、普通の人なら101と答えるでしょうが、出題者がちょっと面白い（意地悪な？）人だと、「残念でした。この数列は1から100までを繰り返している数列なので、次は1です」と答えるかも知れません。

あるいは、この数列は、

$a_n = n + (n-1)(n-2)\cdots(n-100)$

という数列かも知れません。

このときは $a_1 = 1$, $a_2 = 2$, ... $a_{100} = 100$ ですが、$a_{101} = 101 + 100!$ となってしまいます。ですから、たしかに有限個の数だけを知っても本当は数列の規則を決めることはできないのですが、ここではあまり意地悪な考えはせずに、常識的に考えられる規則はそのまま認めていくことにします。つまり、第 n 項には小さい方から数えて n 番目の素数が並んでいるというのが規則です。したがってこの場合は「素数を小さいものから順番に並べる」というのが規則です。たとえば、この数列の第 100 項は 541 です。541 が素数であることを確かめて下さい。けれど、普通はこの値は素数表を調べなければ分かりませんね。

では素数列の n 番目の項を関数として表す式です。n 番目の素数を n の関数として表す式はあるのでしょうか？ つまり、n 番目の素数を n の多項式のように簡単に計算できる式で表されるととても便利なのですが、残念ながら実用的な式は知られていません。ウィランズが求めた次のような関数があるので、興味がある人のために紹介しておきます。

$$p_n = 1 + \sum_{m=1}^{2^n} \left[\left(\frac{n}{\sum_{k=1}^{m} F(k)} \right)^{\frac{1}{n}} \right]$$

ただし、[ ]はガウスの記号とよばれ、$[x]$はxを越えない最大整数を表します。また、$F(k)$は$F(1)=1$で、kが素数なら$F(k)=1$、kが素数でないなら$F(k)=0$となる関数です。したがって、

$$\sum_{k=1}^{m} F(k)$$

はmまでの素数の個数$+1$を表します。
そのような関数$F(k)$は次の式で与えられます。

$$F(k) = \left[\cos^2 \frac{((k-1)!+1)\pi}{k} \right]$$

この関数が条件を満たすことは、素数についてのウィルソンの定理で分かります。

[ウィルソンの定理]

kが素数である必要十分条件はkが$(k-1)!+1$を割り切ることである。

この定理によって、k が素数のときに限り $\dfrac{(k-1)!+1}{k}$ は整数になるので、確かに $F(k)$ は要求される性質（k が素数なら 1、k が素数でないなら 0）を持っています。ウィルソンの定理の証明は少し難しく、フェルマーの小定理という整数論ではとても大切な定理を使って証明されます。証明は第 4 章をご覧下さい（注：このウィルソンの定理で与えられた整数 p が素数かどうかを判定することができるはずですが、p が大きな数のときは $(p-1)!$ を計算することが事実上不可能なので実用にはなりません）。

例2 フィボナッチ数列

1, 1, 2, 3, 5, 8, 13, 21, 34, 55, …

これは有名な数列ですが、どんな規則でできているのか分かるでしょうか？ この数列は 1, 1 から出発して、順に並んでいる二つの数をたした数が次の数になるという規則でできている数列で、フィボナッチ数列とよばれているものです。あるミステリの中に登場して有名になりましたし、手品のタネとしてもいろいろなところで使われていますが、数学では昔から面白い性質を持った数列としてよく知られていました。それらの

性質は後で章を改めて考えます。

似たような数列で、たとえば 11, 3 から始まる数列

11, 3, 8, 5, 3, 2, 1, 0, 1, 1, 0, 1, …

はどんな規則でできているでしょうか？ これは最初の二つの数から出発して、隣り合う二つの数の差をとった数が次の数になるという規則でできています。いろいろな二つの数から出発して、この数列がどんなふるまい方をするのかを考えてください。

例3 分数の列

$$\frac{1}{1}, \frac{2}{1}, \frac{1}{3}, \frac{2}{2}, \frac{1}{1}, \frac{3}{1}, \frac{1}{4}, \frac{2}{3}, \frac{1}{3}, \frac{2}{2}, \frac{3}{1}, \frac{4}{1}, \cdots$$

この数列がどんな規則でできているのかは、数列の構造をよく観察すると見えてきます。

この数列は、正の分数を、分子と分母をたすと一定の数になるものでグループ分けし、各グループの中の分数を小さい数から順番に並べたものです。最初のグループは分子と分母の和が 2 になるもので、これは $\frac{1}{1}$ しかありません。次のグループは分子と分母の和が

3になるもので、$\frac{1}{2}$、$\frac{2}{1}$の二つがあります。これを大小の順に並べたものが第2項と第3項で、以下同じように項が続きます。この数列は数学史的に見るととても大切な役目を果たした数列なのですが、それは第6章「数列と集合論」で詳しく説明することにします。ただ、どんな正の分数でもこの数列の中に出てくることだけを確認しておいてください。

例4　階乗できまる数列

規則を言葉で表現した数列の例をあげておきます。

a_n は $n!$ の末尾に並ぶ0の個数

$n!$ を計算すると、その末尾にはだんだんと0が並ぶようになります。たとえば、4! は 24ですから、$a_4 = 0$ ですが、5! = 120 ですから、$a_5 = 1$ となり、10! = 3628800 なので、$a_{10} = 2$です。したがって、この数列の最初のほうを書いてみると次のようになります。

0, 0, 0, 0, 1, 1, 1, 1, 1, 2, 2, …

この数列を具体的に計算する方法を考えてみましょう。100!を直接計算して a_{100} を求めるのはとても大変となることが分かるのですが、この値を100!を計算しないで求める方法があります。それは、5×偶数の末尾が0なので、0が並ぶ個数は、階乗の中にかけ算の因数として5の倍数が何回でてくるかで決まるということです。100までの数の中に5の倍数は100÷5=20で20回でてきます。しかし、25、50、75、100はそれぞれ 5^2、$5^2×2$、$5^2×3$、$5^2×4$ なので、5が2回ずつでてきて、都合24個の5があります。したがって、$a_{100}=24$ となります。この数列はかつて大学の入試問題に出題されたこともあります。

例5　繰り返す数列

0, 1, 0, -1, 0, 1, 0, -1, 0, 1, 0, -1, …

この数列は0, 1, 0, -1 を4周期で繰り返している数列です。もちろんこれが数列の規則なのですが、これを数式で表すことができるでしょうか。周期という性質に着目して、三角関数が思い浮かべば、この数列の一般項を式で表すことができます。

$$a_n = \sin\left(\frac{(n-1)\pi}{2}\right)$$

となります。

例6 コラッツの数列

数列をつくるにはいろいろな方法がありますが、ある数から出発して順に同じ規則を使って次の数を計算していくという方法があります。そのような規則を表す式を漸化式といいます。漸化式については第2章「等差数列」でもう少し詳しく説明することにして、ここではある規則によって定まるちょっと変わった数列を紹介します。

最初に勝手な正の整数 a_1 を一つ取り、その数を初項として次のような操作をします。

(1) a_1 が偶数だったら2で割る。
(2) a_1 が奇数だったら3倍して1をたす。

この操作で得られた数を新しく a_2 とし、a_2 に同じ操作をほどこして a_3 をつくり、以下

同様に繰り返します。こうして一つの数列が得られます。ちょっと計算してみましょう。たとえば最初に5から出発すると、偶数だったら2で割り、奇数だったら3倍して1をたす、という操作を繰り返して、

5, 16, 8, 4, 2, 1, 4, 2, 1, 4, 2, 1, …

となります。

いったん数列が1になると、後は4, 2, 1を繰り返すことが分かります。別の数でこの数列をつくってみましょう。

15から出発すると、

15, 46, 23, 70, 35, 106, 53, 160, 80, 40, 20, 10, 5, 16, 8, 4, 2, 1

18から出発すると、

18, 9, 28, 14, 7, 22, 11, 34, 17, 52, 26, 13, 40, 20, 10, 5, 16, 8, 4, 2, 1

どちらも1にたどり着き、後は同じ数の繰り返しになります。この数列は最初1932年にドイツのコラッツが考察したのでコラッツの問題と呼ばれますが、日本では数学者角谷静夫が紹介したので角谷の問題ともいいます。なぜ問題と呼ばれるかというと、

「どんな正整数から出発しても、この数列はかならず1にたどり着き以下繰り返すだろう」

というコラッツの予想があるからです。

じつはこの予想は未解決です。コンピュータを使った実験によって、コラッツ予想は 27×10^{15} までの数に対して成り立つことが分かっているようですが、すべての正の整数に対して成り立つことを証明した人はまだいないようです。とても単純そうに見える問題で、実際、計算の規則はとても簡単なので、多くの人が挑戦していますが、もしかするとフェルマーの最終定理のようにとてつもなく難しい問題なのかも知れません。いろいろと実験してみて下さい。ただ、27から出発するとなかなか大変な計算になります。27も結局は1にたどり着くのですが、大変にステップ数がかかります。問題そのものがコンピュータ向きだと思います。

第2章 等差数列

等差数列

数列の規則の中でもっとも簡単なものは次の規則です。

[規則]
初項 a_1 に次々に一定の数 d をたしてつくられている数列。

この規則で定まる数列を等差数列といいます。それは、この数列では隣りあった二つの項の差がいつも一定の値 d になるからで、この d のことを等差数列の公差といいます。いくつか簡単な等差数列の例をあげましょう。

(1) **自然数列** 1, 2, 3, 4, 5, 6, …

自然数の数列はもっとも簡単な等差数列の例で、初項が1で公差が1の等差数列です。ものの個数を数えるということは、この数列からなるラベルを用意し、ものの集まりに順番に貼っていくということにほかなりません。また、数列とは数列への写像ということになり、自列のことだと考えると、数列とは自然数列から数の集まりへの写像ということになり、自然数列は数列を決めるとても大切な数列、つまり「数列の素」だということが分かります。

(2) 偶数列 2, 4, 6, 8, 10, 12, …

これは初項が2で公差も2の等差数列です。2の倍数が並んでいます。一般に初項が a_1 のとき、これを何倍かしたものを並べた数列 a_1, $2a_1$, $3a_1$, $4a_1$, … は初項、公差が共に a_1 となる等差数列になります。

ですから、これを小学生の視点で見直せば次の例になります。

(3) 正比例

「1個 a 円の品物を n 個買ったときの値段 na」は等差数列になります。これは小学校のときは正比例として学んだものです。したがって、初項と公差が等しい等差数列はいわば、正比例関数の一番原始的な形です。つまらないことのようですが、初項と公差が同じでない等差数列は正比例にならないことを注意しましょう。

(4) 普通の例 1, 8, 15, 22, …

これは初項が1で、公差が7の等差数列です。

(5) 面白い例 1, $\sqrt{2}$, $2\sqrt{2}-1$, $3\sqrt{2}-2$, $4\sqrt{2}-3$, …

これはちょっとみると等差数列に見えませんが、もちろん初項1、公差 $\sqrt{2}-1$ の等差

数列です。

なお、同じ数 a がずっと並んでいる数列も、公差が 0 の等差数列とみなすことができます。

漸化式

等差数列では隣りあった項の差がつねに一定の値 d ですから、それを $a_{n+1} - a_n = d$ という式で表すことができます。もちろん、この式は $a_{n+1} = a_n + d$ と書くこともでき、数列の項 a_n が決まれば a_{n+1} も決まることが分かります。a_1 の値と公差を決めるとこの式にしたがって、順番に a_2, a_3, …が決まっていきます。したがって、等差数列とは次の二つの式で決まる数列ということもできます。

$$\begin{cases} a_1 = a \\ a_{n+1} = a_n + d \end{cases}$$

このように数列の第 n 項 a_n をそれ以前のいくつかの項から計算する式を漸化式といいます。漸化式は数列を帰納的に定義していると見ることもできます。

前章で紹介したコラッツの数列は、漸化式で書くとちょっと複雑ですが、次のようになります。

$$a_1 = x$$

$$a_{n+1} = \begin{cases} \dfrac{1}{2}a_n & (a_n \text{ が偶数}) \\ 3a_n + 1 & (a_n \text{ が奇数}) \end{cases}$$

この漸化式をコンピュータプログラムにすれば、誰でも簡単にコラッツ予想の実験をしてみることができるでしょう。

漸化式を使えば、自然数の列は、

$$\begin{cases} a_1 = 1 \\ a_{n+1} = a_n + 1 \end{cases}$$

奇数の列は、

と表すことができます。では、次の節で、等差数列の簡単な性質を調べていきましょう。

$$\begin{cases} a_1 = 1 \\ a_{n+1} = a_n + 2 \end{cases}$$

等差数列の性質

(1) 等差数列の一般項

数列 $\{a_n\}$ を等差数列とし、その初項を a、公差を d とします。したがって、等差数列の定義から、

$$a_1 = a,\ a_2 = a + d,\ a_3 = a + 2d,\ \cdots,\ a_n = a + (n-1)d,\ \cdots$$

となり、$a_n = a + (n-1)d$ が等差数列の一般項です。

この式を使えば、等差数列の各項を簡単に求めることができます。たとえば、前に例に出した、初項1、公差7の数列の100番目の項は、この数列が $a_n = 1 + 7(n-1) = 7n - 6$ で表されますから、

$$a_{100} = 7 \times 100 - 6 = 694$$

になります。

また、31ページの(5)の数列では初項が1で公差が $\sqrt{2} - 1$ ですから、その一般項は、

$$a_n = 1 + (n-1)(\sqrt{2} - 1) = (n-1)\sqrt{2} + 2 - n$$

となります。したがって、第100項は $a_{100} = 99\sqrt{2} - 98$ です。

(2) 等差中項

等差数列では、並んでいる三つの項 a_n、a_{n+1}、a_{n+2} について、真ん中の項 a_{n+1} は他の二つの項 a_n、a_{n+2} の平均になっている。

つまり、

$$a_{n+1} = \frac{a_n + a_{n+2}}{2}$$

です。

真ん中の項は他の二つの項の相加平均ですが、これを等差中項ともいいます。これは等差数列の定義からほとんど明らかですが、式を書くと次の通りです。

漸化式より、

$$a_{n+1} = a_n + d,\ a_{n+2} = a_{n+1} + d = a_n + 2d$$

したがって、

$$\frac{a_n + a_{n+2}}{2} = \frac{a_n + (a_n + 2d)}{2}$$

$$= \frac{2a_n + 2d}{2}$$

となります。この式は $2a_{n+1} = a_n + a_{n+2}$ と書くこともあります。

等差数列の和

等差数列の初項から第 n 項までの和を計算することはよくあります。ガウスは数学史上もっとも偉大な数学者の一人ですが、ガウスをめぐる有名な逸話がいくつもあります。その中の一つを紹介しましょう。

ガウスがまだ子どもだった頃、通っていた学校の先生が、計算演習の時間を稼ぐために子どもたちに1から100までの数の和を計算しなさいという問題を出しました。先生は子どもたちが1から順にたし算をしていくと考え、計算が終わるまでにはかなりの時間がかかると思ったのですが、ガウスはあっという間に5050という結果を出してしまいました。ガウスは次のように考えたのです。

$1 + 2 + 3 + \cdots + 98 + 99 + 100$

を逆向きに、

$$100 + 99 + 98 + \cdots + 3 + 2 + 1$$

と書いて、上下の数をたしてみよう。すると、どれも101になる。だからこれら全部の数の和は、

$$101 \times 100 = 10100$$

となるが、求める和はこの半分なので$10100 \div 2 = 5050$となる。

見事なアイデアです。

この考えはどのような等差数列にも当てはまります。これを使って、初項がaで公差がdの等差数列の第n項までの和S_nを求めてみましょう。

$$S_n = a + (a + d) + \cdots + (a + (n-2)d) + (a + (n-1)d)$$

を逆向きに書くと、

等差数列の和

$S_n = (a + (n-1)d) + (a + (n-2)d) + \cdots + (a+d) + a$

となります。

上下の数をたすと $a + (n-1)d + (a + (n-1)d) = 2a + (n-1)d$ で、これが全部で n 個あります から、これら全部の数の和は、

$2S_n = n(2a + (n-1)d)$

したがって、初項 a、公差 d の等差数列の第 n 項までの和 S_n は、これを半分にして、

$S_n = \dfrac{n(2a + (n-1)d)}{2}$

となります。

ところで、この式は最後の項と初項をたした数、最後から2番目の項と第2項をたした数、…がいつでも一定だということですから、同じ和を $2S_n = n(a_n + a_1)$ と書くこともで き、和は、

$$S_n = \frac{n(a_n + a_1)}{2}$$

で表すこともできます。

項がすべて分かっている場合はこの公式のほうが便利です。

この式を自然数の数列に当てはめれば、1からnまでの項がnですから和S_nは次のようになります。

公式（1からnまでの自然数の和）

$$S_n = \frac{n(n+1)}{2}$$

では、奇数の和はどうなるでしょう。奇数列は、

1, 3, 5, 7, …, 2n－1

ですから（最後の項が$2n+1$ではなくて$2n-1$で表されていることに注意して下さい）第n項までの和S_nは、

となります。

$$S_n = \frac{n(2n-1+1)}{2} = n^2$$

ところで、この $1+3+5+7+\cdots+(2n-1)$ という式は、

$$1+3+5+7+\cdots+(2n-1) = 1+(1+2)+(2+3)+(3+4)+\cdots+(n-1+n)$$

と表すことができ、この式はかっこの後の数を順に拾い、n で折り返してかっこの前の数を拾っていくと、

$$1+2+3+\cdots+(n-1)+n+(n-1)+\cdots+3+2+1 = n^2$$

と書くこともできます。なかなかきれいな式だと思います。

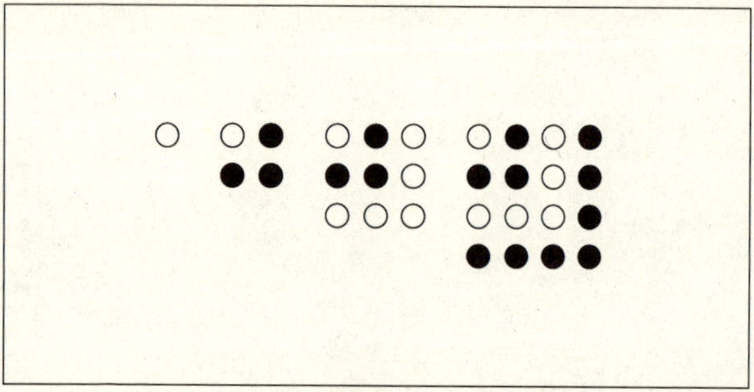

■図1

碁石を使って　三角数・四角数

前節の最後に導いた式はとてもきれいですが、この式はすでにギリシア時代には知られていたようです。それは次の図のような工夫で求まっていました。奇数個の碁石を図1のように並べてみます。

この図をじっと見ていると（図では分かりやすいように白い碁石と黒い碁石を順に正方形の形に置いてあります）、1から始まる奇数を順に正方形の形に並べることができることが分かります。つまり奇数の和は平方数になるのです。同時に、この正方形の碁石を斜めにとっていったのが先ほどのきれいな式になることも分かります。

同様に考えると、偶数列2, 4, 6, …, 2nの和 T_n は

$$T_n = \frac{n(2n+2)}{2} = n(n+1)$$

となりますが、これも碁石を並べることでその理由

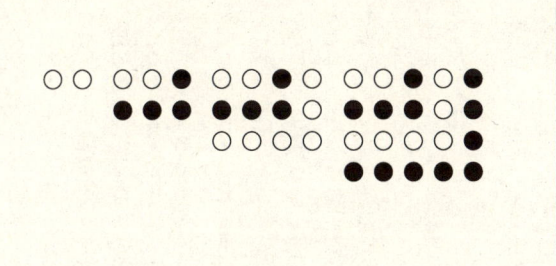

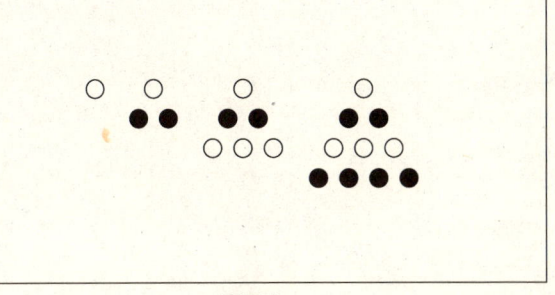

■図2

■図3

が目で見て分かります（図2）。

こんな工夫を見ていると、自然数の和も碁石を並べることで表すことができないだろうか、と考えてみることは自然です。じつは自然数の和を碁石を並べることで表せます。

今度の場合は正三角形の形に並べることができました。ただし、正三角形なので、個数を数えるのはあまり簡単ではなく、この三角形を上下逆にして二つを合わせることで偶数列の和となり、その半分が自然数の和です。これは結局、等差数列の和の公式を図を使って説明したことになります。

等差数列は隣り合う項の差が一定の数列ですから、その変化の様子は1次関数の変化と同じということができます。つまり、等差数列とは数列の中の1次関数的だといってもいいかもしれません。では1次関数的な数列ではなく、2次関数的な数列、3次関数的な数列もあるのでしょうか。これについては第4章でもう少し考えてみたいと思います。

あるパズル

等差数列の和の公式を使うとこんなパズルが解けます。

「2以上の自然数 a を、引き続いた二つ以上の自然数の和で表すことができるだろう

a が奇数 $2n+1$ なら簡単で、

$$2m+1 = n + (n+1)$$

です。

a が偶数の場合は少し考えないといけません。たとえば、100 なら 18 + 19 + 20 + 21 + 22 となります。1000ならどうなるか分かるでしょうか。1000なら、

$$198 + 199 + 200 + 201 + 202 = 1000$$

です（どうやって求めたのか考えて下さい）。どんな偶数でも引き続いた自然数の和で書けるのでしょうか？ じつは2の累乗となる偶数は引き続いた自然数の和で表すことはできません。なぜでしょう。

いま、k から始まる n 個の自然数の和が 2^r となったとします。つまり、

とします。左辺は初項が k、公差が 1 の等差数列ですから、等差数列の和の公式からこの式の値は、

$$\frac{n(2k+n-1)}{2} = 2^r$$

となります。分母を払うと、

$$n(2k+n-1) = 2^{r+1}$$

となりますが、もし n が奇数だと右辺が奇数で割り切れることになり矛盾、また n が偶数だと $n-1$ は奇数ですから、こんどは $2k+n-1$ が奇数となり、やはり右辺が奇数で割り切れることになり矛盾です。

2 の累乗でない偶数はすべて、引き続いた自然数の和で表すことができます。どうやったらいいのか皆さんで考えてみて下さい。詳しいことは拙著『計算のひみつ 考え方の練習帳』(さ・え・ら書房) をご覧下さい。

$k + (k+1) + (k+2) + \cdots + (k+n-1) = 2^r$

では等差数列について、もう一つ面白い問題を、節を改めて考えてみましょう。

等差中項を使って

二つの数 a, b の間に一つの数をはさんで全体が等差数列になるようにできるでしょうか。

これは簡単ですね。どんな二つの数 a, b に対しても、その真ん中に $\dfrac{a+b}{2}$ をはさめば、この三つの数 $a, \dfrac{a+b}{2}, b$ は等差数列になります。これは前に述べた等差数列の性質「等差数列の三つの項については、真ん中の項は左右の二つの項の平均になっている」ということの応用です。二つの数をはさんで等差数列にしたければ $b-a$ を三等分して公差をつくればいいでしょう。実際に一つの数をはさむ場合は、公差として $\dfrac{b-a}{2}$ を考えれば、

$$a + \dfrac{b-a}{2} = \dfrac{a+b}{2}$$

で、先ほどの結果とあっています。もちろん、a, b の間に n 個の数をはさんで等差数

列にしたければ、$b-a$ を $n+1$ で割った数を公差にすればいいことも分かります。では a, b, c の三つの数が与えられたとき、a を初項とし、c を最後の項とする等差数列で b を項に持つものがあるでしょうか。今度は単純に $c-a$ を等分して数列の項をつくっていくとき、その項が無事に b を通過しなければならないからです。a に公差をたして順番に数列の項をつくるわけにはいきません。

ともかくも考えてみましょう。

いままでの考察から、初項が a、最後の項が b である等差数列と、初項が b、最後の項が c である等差数列をつくることはできます。これら二つの等差数列の公差が同じになれば、全体として初項が a、最後の項が c で途中に b を項に持つ等差数列ができます。公差は $b-a$, $c-b$ をそれぞれ m 等分、n 等分したものですから、

$$\frac{b-a}{m} = \frac{c-b}{n}$$

を満たす整数 m, n があれば、そのような等差数列が存在することになります。

この式は書き直すと、

$$\frac{n}{m} = \frac{c-b}{b-a}$$

ですから、右辺が有理数になればいいということになります。a、b、c が整数なら右辺はいつでも有理数ですから、整数についてはそのような数列が必ず存在します。もっとも、これはよく考えてみると当たり前です。

a、b、c が分数でも右辺は分数ですから、この式を満たす整数 m、n が必ず見つかり、そのような数列をつくることができます。このような整数 m、n は一つには決まりませんが、項数が一番少ないものは一つに決まります。

たとえば、初項が $\frac{1}{2}$ で末項が 13 の等差数列で、$\frac{9}{5}$ を項に持つ数列は、

$$\frac{n}{m} = \frac{13 - \frac{9}{5}}{\frac{9}{5} - \frac{1}{2}} = \frac{112}{13}$$

ですから、項数が一番少ない数列の公差は $\frac{9}{5} - \frac{1}{2}$ を13等分した $\frac{1}{10}$ になり、数列は、

$$a_n = \frac{1}{2} + \frac{n-1}{10} = \frac{n+4}{10}$$

となります。ですから、$\frac{9}{5}$ は第14項で、13は第126項です。

では初項が1の等差数列で、$\sqrt{2}$、2を項に持つものがあるでしょうか。

前の式はもう少し書き直せば、

$$b = \frac{na + mc}{m+n}$$

となりますが、これはbが$c-a$を$m:n$に内分していることを表していると同時に、bがa、cの有理式（分数式）で表されることを示しています。ですから、a、cが有理数ならばbも必ず有理数となります。

したがって、初項が1で、$\sqrt{2}$、2を項に持つ等差数列は存在しないことが分かります。

ちょっと面白い事実が分かりました。

初項が有理数である等差数列は、あと一つでも有理数の項を持てば、すべての項が有理数になり、一つ無理数の項を含めば、初項を除くすべての項が無理数になるのです。初項だけが例外なのは残念ですが、出発点ということで我慢しましょうか。

この類の問題が以前、大学入試問題として次のような形で出題されたことがあります。

問題

p、qを素数とし、$q < p$とする。初項が$\frac{1}{p}$で末項が$\frac{1}{q}$、かつ、$\frac{2}{p+q}$を項に持

つ等差数列で公差が最大になるものの和を求めよ。

答は、項数が $p+q+1$ で和が $\dfrac{(p+q)(p+q+1)}{2pq}$ です。この場合、公差が最大ということは項数が最小ということです。ぜひ解いてみて下さい。

第3章 等比数列

等比数列

数列の規則の中でもっとも簡単なものが等差数列でした。最初の数に一定の数を次々にたしてつくられている数列が等差数列です。それならば、次々に一定の数をかけてつくられる数列もあるはずです。

[規則]

初項 a_1 に次々に一定の数 r をかけてつくられている数列。

この規則でつくられる数列を等比数列といいます。それは、この数列では隣りあった二つの項の比がいつも一定値 r になるからで、この r のことを等比数列の公比といいます。

いくつか簡単な等比数列の例をあげましょう。

(1) 倍々数列 1, 2, 4, 8, 16, 32, 64, 128, 256, 512, …

人気漫画「ドラえもん」に出てくるバイバインという有名な薬があります。これを振りかけると5分で5分でものの個数が倍になる。のび太君はこの薬をくりまんじゅうにふりかけました。5分でくりまんじゅうは2個になるので、一つだけ食べます。すると次の5分でま

たくりまんじゅうは2個になる。また1個食べる。次の5分でまたまた2個になる。これで生涯くりまんじゅうには困らないはずでした。しかし、食べきれなくなって残してしまう。すると、くりまんじゅうは5分で2個、10分後には4個、15分後には8個と増えていきます。1時間後には$2^{12} = 4096$個のくりまんじゅうになってしまいます。

これがこの数列の恐ろしさで、2^{288}と書かれただけではあまり実感が湧かないかも知れませんが、この数は、4973…で始まり…3056で終わる87桁の数で、だいたい 4.9×10^{86} 個になります。くりまんじゅうにも大小があるでしょうが、平均的なくりまんじゅうを $60.3 \, cm^3$ ぐらいとすると、この大きさはほぼ地球の 3×10^{73} 個分になります。1日でこれだけ増えるのですから、くりまんじゅうを宇宙の彼方に捨てるくらいでは済まないことがよく分かります。多分くりまんじゅうのために、宇宙はほどなく滅亡してしまう！でしょう。

(2) **半々数列** $1, \frac{1}{2}, \frac{1}{4}, \frac{1}{8}, \frac{1}{16}, \frac{1}{32}, \cdots$

今度は逆に半分ずつに減っていく数列です。この数列は減ってはいきますが、決して0にはならないことに注意しましょう。

放射性物質には半減期というものがあり、一定の時間がたつと放射線を出す量が半分に

なることが知られています。放射性元素として有名なものにプルトニウムという大変に毒性の強い元素があります。いくつかの同位元素がありますが、たとえば、プルトニウム239の場合、半減期は2万4000年で4万8000年たっても放射線量は元の$\frac{1}{4}$にしかならないのです。プルトニウムを廃棄することがとても難しいのが分かると思います。

(3) 物価上昇?

「物の値段が10年で2倍になる」とすれば、この値段は等比数列的に増えていきます。

(4) 累乗の数列

一般に、ある数 a を次々にかけていった数列、

$a, a^2, a^3, a^4, a^5, \ldots$

は初項と公比が等しい等比数列になります。

また、一定の数 a を並べた数列 $a, a, a, a, \ldots$ は公比が1の等比数列と考えることもできます。

等比数列

等比数列では隣りあった数の比がつねに一定の値 r ですから、それを $\frac{a_{n+1}}{a_n} = r$ という式で表すことができます。もちろん、この式は $a_{n+1} = a_n \times r$ と書くこともでき、数列の項 a_n が決まれば a_{n+1} も決まることが分かります。

したがって、等差数列と同様に、等比数列は次の漸化式で定まる数列ということもできます。

$$\begin{cases} a_1 = a \\ a_{n+1} = a_n \times r \end{cases}$$

この式で出発点の初項 a_1 の値が a と決まると、順番に a_2, a_3, … の値が決まっていきます。

漸化式を使えば、倍々数列は、

$$\begin{cases} a_1 = 1 \\ a_{n+1} = a_n \times 2 \end{cases}$$

半々数列は、

$$\begin{cases} a_1 = 1 \\ a_{n+1} = \dfrac{a_n}{2} \end{cases}$$

と書くことができます。

等比数列がいつでもどんどん大きくなる、あるいはどんどん小さくなると思われるといけないので、一つ特別な等比数列を紹介しておきましょう。

$$\begin{cases} a_1 = 1 \\ a_{n+1} = a_n \times (-1) \end{cases}$$

つまり、公比が -1 の等比数列です。もちろんこの数列は、

$1, \ -1, \ 1, \ -1, \ 1, \ \cdots \ (-1)^{n-1}, \ \cdots$

と1と−1を交互に繰り返します。この数列も等比数列の一種であることはちょっと覚えておいて下さい。

等比数列の性質

では、等比数列の簡単な性質を調べましょう。

(1) 等比数列の一般項

数列$\{a_n\}$を等比数列とし、その初項をa、公比をrとします。したがって、等比数列の定義から、

$$a_1 = a,\ a_2 = ar,\ a_3 = ar^2,\ \cdots,\ a_n = ar^{n-1},\ \cdots$$

となり、$a_n = ar^{n-1}$が等比数列の一般項です。

(2) 等比中項

初項と公比が正数の等比数列では、並んでいる三つの項a_n、a_{n+1}、a_{n+2}について、真

ん中の項 a_{n+1} は他の二つの項 a_n、a_{n+2} の積の平方根になっている。

つまり、$a_{n+1} = \sqrt{a_n \cdot a_{n+2}}$ です。

a_{n+1} を a_n と a_{n+2} の等比中項と呼びます。

一般に二つの正数 a、b の積の平方根 $\sqrt{ab}$ を a、b の相乗平均といいます。この用語を使えば、初項と公比が正の数の等比数列では、引き続いている三つの項の真ん中の項は、両隣の項の相乗平均になっているということです。

これも等比数列の定義からほとんど明らかですが、式を書くと次の通りです。

漸化式より、

$a_{n+1} = a_n r$、$a_{n+2} = a_{n+1} r = a_n r^2$

したがって、

$a_n \cdot a_{n+2} = a_n \cdot a_n r^2$
$= a_n^2 r^2$

ですから、平方根をとると、

$$\sqrt{a_n \cdot a_{n+2}} = \sqrt{a_n^2 r^2}$$
$$= a_n r$$
$$= a_{n+1}$$

となります。

この式は $a_{n+1}^2 = a_n \times a_{n+2}$ と書くこともあり、こう表現すれば初項、公比が正数といっう条件はなくてもすみます。この式は後でフィボナッチ数列について考えるとき、ちょっとだけ姿を見せるはずです。

私たちは平均というと普通は a と b を足して2で割るという平均を考えます。これを相加平均といいます。一方、ここで計算したような a と b をかけて平方根をとるという平均を相乗平均といいます。たとえば、株価がある年に a 倍になり、翌年 b 倍になったとき、2年間で ab 倍になったわけですから、年平均では $\sqrt{ab}$ 倍になったと考えることができ、こんな場合には相乗平均が使われます。

ところで、正の数の相加平均と相乗平均には有名な関係があります。

$$\sqrt{ab} \leq \frac{a+b}{2}$$

という関係です。これを数列の視点でみると、左辺は等比中項、右辺は等差中項です。出発の値aと終わりの値bが等しいとき、途中の変化を見ると、等差数列では均質に変化し、等比数列では変化そのものが変化しています。$r>1$なら後半の変化のほうが大きいので、途中の変化でみると、等比数列の変化のほうが等差数列の変化より少ない。これが数列の視点で見た相加平均と相乗平均の関係です。

等比数列の和

等差数列にならって、等比数列の和を計算してみましょう。今度は逆にしてたすという技術では途中の和が一定の値にならないのでうまくいきませんが、一つずらすという技術が使えます。

では、初項がaで公比がrの等比数列の、第n項までの和S_nを求めてみましょう。

$$S_n = a + ar + ar^2 + \cdots + ar^{n-1}$$

として、両辺にrをかけます。

二つの式を比べてみると等比数列の各項がちょうど一つ分だけ後にずれたことが分かります。

したがって、二つの式を辺々引き算すると、重なり合う項がすべて消えて、

$rS_n = ar + ar^2 + ar^3 + \cdots + ar^n$

$S_n - rS_n = a - ar^n$

となり、これを S_n について解けば、$r \neq 1$ のときは、

$$S_n = \frac{a(1-r^n)}{1-r}$$

となります。

$r = 1$ のときは $S_n = a + a + \cdots + a$ ですから、

$S_n = na$

となります。

この式を少し違った角度から考えてみましょう。

因数分解の公式としての等比数列の和

中学校でこんな公式を学びます。

$$1 - x^2 = (1-x)(1+x)$$

これは普通は和と差の積と呼ばれる一番基本的な因数分解の公式ですが、ここでは順序を少し変えて $x^2 - 1$ ではなく $1 - x^2$ としています。高校ではこれを3次式に拡張した次の式が出てきます。

$$1 - x^3 = (1-x)(1 + x + x^2)$$

ここまでくると、次の式が成り立つことが予想できます。

因数分解の公式としての等比数列の和

$1-x^4 = (1-x)(1+x+x^2+x^3)$

実際にこの式が成り立っていることは、右辺を展開して計算すれば簡単に分かります。

つまり、一般に、

$1-x^n = (1-x)(1+x+x^2+x^3+\cdots+x^{n-1})$

という因数分解の公式が成り立ちます。これも右辺を展開して計算してみればすぐ分かります。

実際に右辺を展開すると、

$(1-x)(1+x+x^2+x^3+\cdots+x^{n-1})$
$= (1+x+x^2+x^3+\cdots+x^{n-1}) - x(1+x+x^2+x^3+\cdots+x^{n-1})$
$= (1+x+x^2+x^3+\cdots+x^{n-1}) - (x+x^2+x^3+\cdots+x^{n-1}+x^n)$
$= 1-x^n$

となり、何のことはない、これは等比数列の和を計算したときの1項ずらしのテクニッ

クそのものです。ですから、等比数列の和の公式は、この因数分解を別の角度から見たものと考えることもできます。

すなわち、

$$a(1-r^n) = a(1-r)(1+r+r^2+r^3+\cdots+r^{n-1})$$

という因数分解の式を $(1-r)$ で割ったものが等比数列の和の公式なのでした。

等差数列と等比数列の和の公式が出てきたので、この二つの数列の和についてちょっと考えてみましょう。

等差数列と等比数列の和

初項と第 n 項が等しい等差数列と等比数列があったとき、その初項から第 n 項までの和はどちらが大きくなるでしょうか。

すなわち、

$$a,\ a+d,\ a+2d,\ a+3d,\ \cdots,\ a+(n-1)d$$

と、

$a, ar, ar^2, ar^3, …, ar^{n-1}$

で、$a+(n-1)d=ar^{n-1}$ となっているとき、どちらの和が大きいか、という問題です。

問題をすっきりさせるために、初項 a、公差 d、公比 r はすべて正としておきます。等差数列の和を計算したとき、その値を n 倍して和を求めることができました。同じ方法は等比数列には使えませんでしたが、やってみるとどうなるでしょう。等比数列の最初から k 番目の項と最後から $n-k+1$ 番目の項をたしてみましょう。それと等差数列の初項と末項の和を比べてみましょう。

いまの場合、等差数列の和は、最後の項 $a_n = a+(n-1)d$ が等比数列の最後の項と一致していて、$a_n = ar^{n-1}$ であることに注意して、

$$(a+ar^{n-1})-(ar^{k-1}+ar^{n-k}) = a(1+r^{n-1}-r^{k-1}-r^{n-k})$$
$$= a(1-r^{k-1}+r^{n-1}-r^{n-k})$$
$$= a(1-r^{k-1}-r^{n-k}(1-r^{k-1}))$$
$$= a(1-r^{k-1})(1-r^{n-k})$$

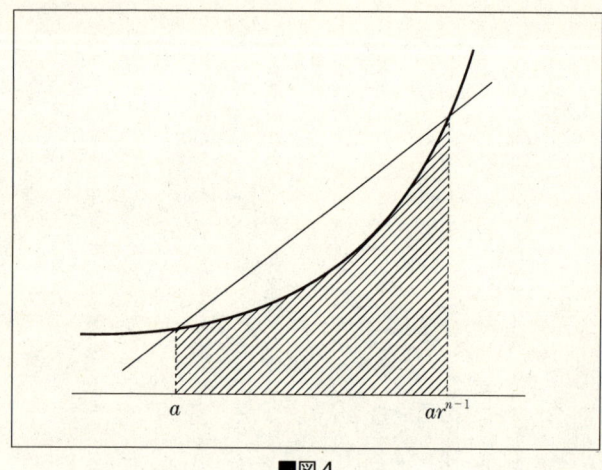

■図4

となります。

右辺をよく見ると、r の値に関係なく、この値は正または0になり、

$$a + ar^{n-1} \geqq ar^{k-1} + ar^{n-k}$$

となることが分かります。

したがって、初項と末項が同じ等差数列と等比数列の和では、等比数列の和の方が大きくなることが分かります。

これは前に調べた、相加平均と相乗平均では相加平均の方が大きくなるということの、ある意味での一般化です。出発点と終点という両端が同じなら、中間項は等差数列のほうが等比数列より大きくなる。結局、等差数列は1次関数的に変化し、等比数列は指数関数的に変化する。

指数関数はいつかは1次関数を追い越すのですが、途中では指数関数の曲線より1次関数の直線の方が上にあるということの現れなのです。つまり、図4でいうと、斜線部の面積は直線の下の面積より小さい、指数関数のグラフは下に凸の曲線になるということです。

次に、等比数列の話題として複利計算を取り上げましょう。

複利計算

複利計算とは、一定の期間が経つと利息が元金に繰り入れられて新しい元金になる、という仕組みです。単利の場合は元金はいつも一定ですが、複利の場合は元金そのものが増えていく、つまり利息が利息を生むのです。これは思いがけず大きな利息になるのですが、それを等比数列を使って計算してみましょう。

最初に少し怖い話です。利息がつくのは嬉しいのですが、逆に複利計算でお金を借りるとどうなるか。ちょっと極端な例をあげてみましょう。10日で1割の利息をとるという違法な高利もあるようです。昔はこういう金貸しを鴉金（カラスガネ）といったそうです。鴉金の場合は最初から利息分が差し引かれ、1万円借りても9000円しか貸してもらえず、返すときは1万円という仕掛けでした。鴉がカァとなくと（つまり1日たつと）利息が増える！　こんな高利を「といち」（10日で1割の略）というようです。中には10日で5

割などという滅茶苦茶なものもあるとか。こんな「といち」金融にうっかりと手を出し1万円を借りてしまいました。いろいろと事情があり、半年間返済できませんでした。元利合計はいくらになるでしょうか。

半年を180日とすると、18回の利息計算があることになり、元利合計は、

$1 \times (1.1)^{18} = 5.55992$

で元利合計は約5万5000円です。半年で借金は5倍になりました。まだ、大したことはありませんか？ では様々な事情で2年間返済が滞ったとすると、

$1 \times (1.1)^{73} = 1051.15$

たった1万円の借金が僅か2年で1000万円を超えました！ これが等比数列の増え方の怖さです。これがもし10日で5割などという恐ろしい金融だったら、半年後の借金は、

$1 \times (1.5)^{18} = 1477.89$

で1400万円強、2年にもなると、

$$1 \times (1.5)^{73} = 7.15586 \times 10^{11}$$

ということになり、およそ7155億円！　冗談のような数字です。いまは利息制限法という法律があり、こんな高利でお金を貸すことはできませんが、十分に気をつけたいものです。

こんな話ばかりでは困るので、貯金の話もしておきましょう。

月々一定のお金を積み立てて貯金をしています。少しがんばって、毎月1万円、年12万円を年利率5％の複利で運用すると、10年後にはいくらになるでしょうか。

年に12万円ずつ投資するわけですから、最初の年の12万円は最初に5％の利息がつき12×1.05＝12.6で12万6000円、2年目はこの12万6000円に5％の利息がつき、元利合計は12.6×1.05＝13.23で13万2300円、以下同様にして、10年目には $12 \times (1.05)^{10}$ ＝19.5467で、だいたい19万5000円になります。同じように2年目の12万円の元利合計は $12 \times (1.05)^9$ になり、結局全体での元利合計は、

$$12 \times ((1.05) + (1.05)^2 + (1.05)^3 + \cdots + (1.05)^{10}) = 12 \times 1.05 \times \frac{(1.05)^{10} - 1}{1.05 - 1}$$

となり、右辺を計算すれば、

$$12 \times 1.05 \times 12.5778 = 158.48$$

でだいたい158万円になります。毎年12万円ずつ10年ですから元金は120万円で、利息が38万円つきました。これが単利だと、毎年6000円の利息ですからこの場合の元利合計は、

$$120 + (0.6 \times 10 + 0.6 \times 9 + \cdots + 0.6 \times 1) = 153$$

で、153万円、複利の方が5万円ほど利息がいいことになります。

一つのパズル

等比数列に関係する有名なパズル「ハノイの塔」を紹介しましょう。

図5の絵のように大小 n 枚の真ん中に穴のあいた円盤が棒に通してある。この円盤たちを別の棒に移したい。ただし、次のルールに従うとする。

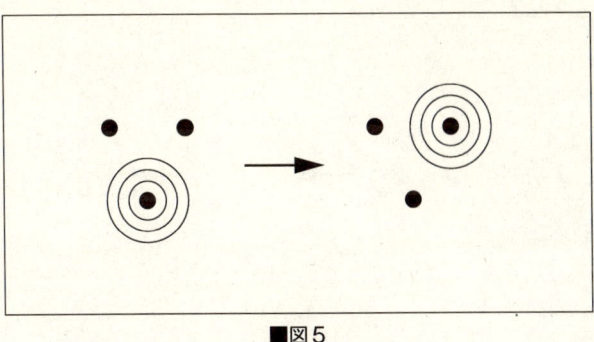

■図5

1. 1回に1枚の円盤だけを移動できる。
2. 小さい円盤の上に大きな円盤を乗せることはできない。

以上の条件の下で、n 枚の円盤を別の棒に移動するには何手かかるか？

元々の伝説では、円盤は全部で64枚あり、このすべての円盤が移しかえられたとき、この世界は最後を迎えるということになっていました。では、何手かかるかを調べてみます。最初に、円盤の枚数が少ない場合を実験してみましょう。

円盤が1枚しかないときは1回で移せることは明らかです。

2枚のとき、最初の1手で上の円盤を別の棒に移します。2手目で下の円盤をもう一本の棒に移します。3手目で最初の円盤を移した大きな円盤の上に重ねます。これで3手で移動が完成しました。

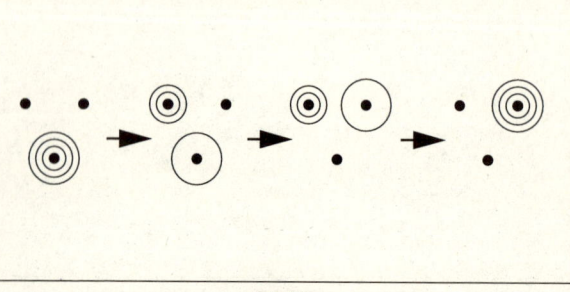

■図6

3枚のとき、一番下の大きな円盤を無視して、上の2枚で考えると(一番大きな円盤の上にはどんな円盤でも重ねられるので、無視しても大丈夫です)、この2枚を別の棒に移すのに3手、次に大きな円盤をもう一度大きな円盤に乗せるのに1手、最後に2枚の円盤を別の棒に移すのに3手、合わせて7手が必要です(図6)。

これでこのパズルの構造が見えてきました。n枚の円盤を移動するのにかかる手数をa_nとすると、a_{n+1}は上のn枚を移動するのにa_n回、一番下の円盤を移すのに1回、再びその上にn枚の円盤を移動するのにa_n回、ということになり、次の漸化式が成り立ちます。

$$\begin{cases} a_1 = 1 \\ a_{n+1} = a_n \times 2 + 1 \end{cases}$$

この数列は等比数列にはなりませんが、

ですから、隣り合う二つの項の差をとった数列(これを階差数列といいます。階差数列については後でもう少し詳しく調べます)が公比2の等比数列となり、

$$a_{n+1} - a_n = 2(a_n - a_{n-1})$$

となります。

$$a_2 - a_1 = 2$$
$$a_3 - a_2 = 2^2$$
$$\cdots$$
$$a_n - a_{n-1} = 2^{n-1}$$

となりますから、これらを辺々加えて、$a_1 = 1$ であることに注意すると、

$$a_n = 1 + 2 + 4 + 8 + 16 + \cdots + 2^{n-1} = 2^n - 1$$

となります。

この数列が急激に大きくなることは倍々数列のところでお話ししましたが、元々の話のように円盤が64枚あったとすれば、すべてを移しかえるためには、$2^{64} - 1$ 手かかります。

一度も間違えずに1手1秒で移せたとしても全部移すには $2^{64}-1$ 秒かかる。これはごく大ざっぱに見積もって500億年くらいになります。

地球の年齢が50億年前後くらいといわれていますから、ハノイの塔が完成するまでには、地球のこれまでの年齢の10倍くらいの時間がかかるのです。当分地球を傷めると、ハノイの塔の円盤はその枚数を減らしてしまうかも知れません。円盤が20枚減り44枚になると地球最後の日まで大体55万年、これはあまりのんびりしてはいられない数字ではないでしょうか。

では章を改めて、数列と級数について、個性のあるいろいろな問題を考えてみましょう。

第4章 数列についてのいろいろな話題

乱数列

1, 3, 9, 2, 3, 8, 6, 0, 7, 6, 1, 0, 4, 7, 0,
4, 5, 8, 3, 2, 6, 5, 9, 7, 4, …

この数列はどんな規則でつくられているのでしょうか。じっと眺めていると数列をつくる規則が見えてくる……、わけではありません。じつはある数列の中に勝手にいくつかの数を挿入したでたらめな数列です。というわけで、この数列には規則がありません。

いままでの章では、よく知られた数列として等差数列と等比数列の性質を紹介しました。これらの数列はいろいろなところに顔をだす有名な数列で、高等学校でその性質を学びます。

ところで、数列とは第1章で述べた通り、要するに「数を順に並べたもの」です。もちろん数学として数列を扱おうとしたときは、その並べ方に規則がなければ調べようがありません。0から9までの数字がまったくでたらめに並んでいる数列、これを乱数列、あるいは乱数といいます。また、乱数列を書き並べた数表を乱数表と言います。これも確かに数列ではあるのですが、どうもつかまえどころがありません。こんな数列が何かの役に立つのでしょうか。

じつは乱数はランダムに起きる自然現象を数学としてシミュレーションするときにとても有用な数列なのですが、この数列の数学的な厳密な定義は案外難しいのです。いや、案外難しいのではなく、現在では乱数列の数学的な厳密な定義は無理だろうと考えられています。以前「乱数表に誤植があった」という話が流れたことがあります。落語の「考え落ち」です。乱数表の誤植を誰がどうして発見できたのでしょうか！　落語の「考え落ち」です。結局これは仕掛けられた数学的な冗句だったようですが、一瞬、「乱数表にも間違いがあったのか」と思わせてしまうところが面白いですね。

念のため数学辞典による乱数の定義を紹介します。

「独立で同一分布に従う確率変数の実現値を記録した有限数列」

《岩波数学辞典』第4版》

ほとんど分からない言葉が増えただけ、という感想をお持ちの方も多いのではないかと思います。数がでたらめに並んでいるというのはどういうことか、をきちんというのは大変なのだということが分かります。また、有限数列となっていることにも注意を払っておきましょう。

ロシアの著名な数学者コルモゴロフは乱数について次のような考察をしています。

ある数列をコンピュータがつくり出すとする。そのとき、その数列をつくるためのプログラムがつくり出すとする。このプログラムの長さが数列の長さに対して長ければ長いほどその数列の乱数度が高いとする。

要するに、乱数は機械的にはつくれないということです。この考え方ですと、たとえば自然数の列をつくるためには $a_1=1, a_{n+1}=a_n+1$ というプログラムがあればどんな長さの自然数列でもつくれるので、乱数度はとても低いことになります。もっとも乱数度が高い数列では、その列自身の数を最初から順に書き入れていくほかありません。したがって、等差数列や等比数列は乱数とはいえないということになります。

普通の乱数では、どの区間をとっても、0から9までの数字が出てくる確率がほぼ等しく $\frac{1}{10}$ となっているし、乱数列を2桁区切りにすると00から99までの数字が出てくる確率がほぼ等しく $\frac{1}{100}$ となっていて、以下同様に3桁区切り、4桁区切りと続きます。

乱数列は確かにある種の数列には違いありません。しかしこの数列の規則を分析しその性質を考えるということはできそうにありません。「乱数列の規則」というのはそれだけで形容矛盾なのでしょう。乱数列も数学の研究対象であることは確かなのですが、ここではこれ以上は踏み込みません。

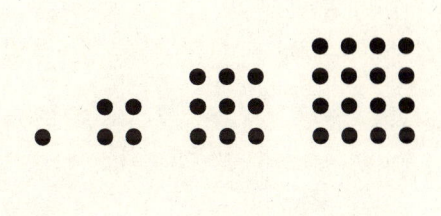

■図7

自然数の2乗、3乗の数列

私たちは一番簡単な数列の例として自然数列を考えました。そこからごく自然に、自然数の2乗の数列、3乗の数列を考えることができそうです。まず2乗の数列から考えていきましょう。

$1^2, 2^2, 3^2, 4^2, 5^2, \ldots, n^2, \ldots$

が自然数の2乗の数列です。この数列は数を碁石で表して並べてみると図7のようになります。

きれいな正方形の形に並ぶので、2乗数を四角数ともいいます。

では2乗数の数列の和はどうなるでしょうか。この和はよく知られたうまい方法で求め

ることができます。

恒等式

$$n^3 - (n-1)^3 = 3n^2 - 3n + 1$$

を使います。この式に順に1からnまでを代入すると、

$$1^3 - 0^3 = 3 \cdot 1^2 - 3 \cdot 1 + 1$$
$$2^3 - 1^3 = 3 \cdot 2^2 - 3 \cdot 2 + 1$$
$$3^3 - 2^3 = 3 \cdot 3^2 - 3 \cdot 3 + 1$$
$$\cdots$$
$$n^3 - (n-1)^3 = 3 \cdot n^2 - 3 \cdot n + 1$$

となり、この式を辺々加えると、左辺の項は順に相殺されて、

$$n^3 = 3(1^2 + 2^2 + 3^2 + \cdots + n^2) - 3(1 + 2 + 3 + \cdots + n) + (1 + 1 + 1 + \cdots + 1)$$

となりますから、求める2乗数の和は次のようになります。

$$3(1^2 + 2^2 + 3^2 + \cdots + n^2) = n^3 + 3(1 + 2 + 3 + \cdots + n) - n$$

$1 + 2 + 3 + \cdots + n = \dfrac{1}{2}n(n+1)$ となることはすでに求めておきましたから、右辺を整理すると、

$$\begin{aligned}
3(1^2 + 2^2 + 3^2 + \cdots + n^2) &= n^3 + \dfrac{3}{2}n(n+1) - n \\
&= \dfrac{1}{2}n(2n^2 + 3(n+1) - 2) \\
&= \dfrac{1}{2}n(2n^2 + 3n + 1) \\
&= \dfrac{1}{2}n(n+1)(2n+1)
\end{aligned}$$

となります。

したがって両辺を3で割って、

$$1^2 + 2^2 + 3^2 + \cdots + n^2 = \frac{1}{6}n(n+1)(2n+1)$$

という有名な公式を得ることができます。この公式で面白いのは、2乗数の和を求めるのに、3乗数の恒等式を使うことです。この和は後でまったく別の方法で求めてみたいと思います。

同じように考えると、4乗数の恒等式

$$n^4 - (n-1)^4 = 4n^3 - 6n^2 + 4n - 1$$

を使い、2乗数の和の公式を使うことで3乗数の和を求めることができます。計算の途中を省略して結果を書くと、

$$n^4 = 4(1^3 + 2^3 + \cdots + n^3) - 6(1^2 + 2^2 + \cdots + n^2) + 4(1 + 2 + \cdots + n) - n$$

より、

$$1^3 + 2^3 + \cdots + n^3 = \frac{1}{4}n^2(n+1)^2$$

という公式が得られます。ところで、この公式の右辺は $\left(\frac{1}{2}n(n+1)\right)^2$ ですから、

$$1^3 + 2^3 + 3^3 + \cdots + n^3 = (1 + 2 + 3 + \cdots + n)^2$$

というきれいな式が成り立ちます。

四角数（2乗数）の和を計算するのにちょっと変わった方法があります。前に等差数列の和を計算したとき、先頭から k 番目の項と最後から k 番目の項をたすと一定の値（初項たす末項）になることを使いました。とくに、

$$1 + 2 + 3 + \cdots + n = \frac{n(n+1)}{2}$$

のときは初項と末項をたすと $1+n$ でこれの n 個分が全体の和の2倍になるのでこの公式が成り立ちます。

四角数の時も同じような考えで和を求めることができるのです。

いま、四角数を1が1個、2が2個、3が3個、…、nがn個の和と考えて、これらを次のピラミッドの形に並べます。

```
        1
      2   2
    3   3   3
  n   n ··· n
```

この正三角形の板を120度、240度回転したものを用意します。

```
        n
      3   
    2   3
  1   2   3 ··· n
```

```
        n
      3   
    3   2
  n ··· 3   2   1
```

この3枚の板を重ねると、同じ場所の数の和は$2n+1$となります。これが全部で、

1 + 2 + 3 + ··· + n = $\frac{n(n+1)}{2}$

個あるので、一つの板の和はその $\frac{1}{3}$ ですから、全体の和は、

$\frac{n(n+1)(2n+1)}{6}$

となります。これは自然数列の和の考え方を拡張した面白い方法だと思います。

ここで問題を一つ考えましょう（図8）。

これはいろいろなパズル雑誌にも紹介されていて、算数の問題としても有名なのではないかと思います。

もちろん、小さい正方形だけではなく、大小取り混ぜてすべての正方形の個数を数えなさいということです。きちんと筋道立てて数えないと間違えそうです。まず一番小さい正

問題

図形の中に正方形はいくつありますか？

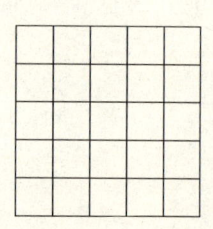

■図8

方形は25個、1辺が2の正方形は16個、1辺が3の正方形は9個、1辺が4の正方形は4個、最後に一番大きい正方形が1個で、全部で $1 + 4 + 9 + 16 + 25 = 55$ 個の正方形があります。

では一般に正方形を n^2 個の小正方形に分割したときは全体で何個の正方形があるでしょうか。

上の例を考えると、一番小さい正方形が n^2 個、1辺が2の正方形は $(n-1)^2$ 個、1辺が3の正方形は $(n-2)^2$ 個、以下同様に続くということになり、正方形は全部で、

$$1^2 + 2^2 + 3^2 + \cdots + n^2 = \frac{1}{6}n(n+1)(2n+1)$$

個

であることが分かります。

2次式、3次式で表される数列

2乗数の数列は第 n 項 a_n が $a_n = n^2$ で表される数列でした。では一般に、第 n 項が n についての2次式で表される数列はどのような性質を持つのでしょうか。それを調べるために、最初に第 n 項が1次式で表される数列について考えます。

$$a_n = an + b$$

とします。この式は $a_n = (a + b) + a(n - 1)$ と書けますから、a_n は初項 $a + b$、公差が a の等差数列であることが分かります。実際に、

$$a_{n+1} - a_n = (a(n + 1) + b) - (an + b) = a$$

となり、公差が a で一定になります。

一般に数列の隣り合う項の差を計算してみることは、数列を分析するためのとても有効な手段です。数列の隣り合う項の差をとることでつくられる新しい数列を、最初の数列の階差数列といいます。

等差数列の場合、階差数列は公差 d がずらっと並ぶ数列 $a, a, a, \ldots$ となり、もう一度階差数列をつくると数列 $0, 0, 0, \ldots$ となります。等差数列が2回階差をとることで 0 だけが並ぶ数列になることをちょっと記憶しておきましょう。2回階差をとることでつくられる数列を第2階差数列といいます。一般に階差をとることを繰り返して出てくる数列を、第3階差数列、第4階差数列などといいます。

では、この階差数列をつくるという方法で、第 n 項が2次式になる数列を分析してみましょう。

例 $a_n = n^2 - 4n + 1$ で表される数列の性質を調べよ。

解 実際に数列を書いてみると、

$-2, -3, -2, 1, 6, 13, 22, 33, \ldots$

となります。

では階差数列をつくってみましょう。第1階差数列は、

$-1, 1, 3, 5, 7, 9, 11, \cdots$

となります。この数列はよく見ると初項が-1、公差が2の等差数列になっています。

したがって第2階差数列は、

$2, 2, 2, 2, \cdots$

と公差が並び、第3階差数列は当然のことながら0だけが並ぶ数列になります。

つまり、この数列は第3階差が0となるという性質を持っています。これは一般に第n項がnの2次式となる数列で成り立つでしょうか。階差数列は、

数列 $a_n = an^2 + bn + c (a \neq 0)$ を考えましょう。階差数列は、

$$\begin{aligned}
a_{n+1} - a_n &= (a(n+1)^2 + b(n+1) + c) - (an^2 + bn + c) \\
&= an^2 + 2an + a + bn + b + c - an^2 - bn - c \\
&= 2an + a + b
\end{aligned}$$

ですから、第1階差数列は一般項が1次式となる数列、すなわち等差数列については2回階差をとると0となる性質があることが分かっていますから、結局、第 n 項が n の2次式で表される数列は3回階差をとると0となることが分かりました。

この結果はすぐに一般化することができます。すなわち、第 n 項が n についての m 次式で与えられる数列は、$m+1$ 回階差をとってすべてが0となる数列です。

では、何回階差をとっても0にはならない数列があるでしょうか。階差数列は、等比数列 $a_n = ar^{n-1}$ を考えましょう。

$$a_{n+1} - a_n = ar^n - ar^{n-1} = ar^{n-1}(r-1)$$

となりますから、$r \neq 1$ なら、階差数列は初項が $a(r-1)$ である等比数列になります。

いま等比数列の階差数列を考えていたのですから、第2階差数列も同じように等比数列になることが分かり、これはずっと繰り返されることも分かります。したがって、等比数列の階差数列は公比が1でないなら0になることはありません。

さらに、この結果から、特に初項と公比が2の等比数列、つまり前に紹介した倍々数列、

2, 4, 8, 16, 32, 64, ..., 2^n, ...

等差数列と素数

等差数列と素数について、古典的な有名な定理があります。

[ディリクレの定理]

等差数列 $a_n = a + (n-1)d$ で初項 a と公差 d が互いに素ならば数列 a_n は無限に多くの素数を含む。

互いに素というのは1以外の共通の約数を持たないということです。自然数列1, 2, 3, … は初項と公差が1の等差数列ですから、ディリクレの定理は、素数が無限にあるというユークリッドの定理の一般化と考えることができます。

この定理の証明は難しいので本書では割愛しますが、特別な場合として次の定理を証明してみましょう。

は何回階差をとっても同じ数列を繰り返すことに対応し、倍々数列 $a_n = 2^n$ がいわば数列での指数関数のようなものであるということを示しています。関数 $y = e^x$ が何回微分しても変わらないことに対応し、

[定理]

数列 $a_n = 4n + 3$ は無限に多くの素数を含む。

数列 $a_n = 4n + 1$ は無限に多くの素数を含む。

素数は2を除いてすべて奇数ですから、2以外の素数を4で割った余りは1か3です。ですからこの定理は、4で割った余りが1か3の素数はどちらも無限にたくさんあるということを示しています。

最初にユークリッドによる「素数が無限にあること」のとてもエレガントな古典的な証明を少しアレンジして紹介しましょう（図9）。

これがユークリッド原案による、素数が無限にあることの有名な証明で、古今東西を通じてもっともエレガントな証明の一つです。普通は自然数の中に素数が無限にあることの証明と紹介されるのですが、偶数の素数は2しかないことを考えると、次のようにいうこともできます。

[定理]

数列 $a_n = 2n + 1$ は無限に多くの素数を含む。

ユークリッドの定理

素数は無限にたくさんある（自然数列は無限に多くの素数を含む）。

証明

背理法による。

素数が有限個しかないと仮定すると最大の素数 p がある。それらの素数を $2, 3, \cdots, p$ とする。いま、$P = 2 \cdot 3 \cdot 5 \cdot \cdots \cdot p$ とし、

$$n = P + 1$$

をつくると、n はどの素数でも割り切れない（素数で割るといつでも1余ります）。したがって、n 自身が素数であるか、あるいは、p より大きな素数で割り切れることになり矛盾。

証明終

■図9

定理

数列 $a_n = 4n + 3$ は無限に多くの素数を含む。すなわち、4で割ると3余る素数は無限にたくさんある。

証明

この数列の中に素数が有限個しかないと仮定すると、それらのうち最大の素数 p がある。そこで、この数列の中にある素数を 7, 11, 19, …, p とする。

ここで、ユークリッドの証明をそのまま踏襲して、$P = 7 \cdot 11 \cdot \cdots \cdot p$ というこれらの素数の積をつくる。こうしてこの数列の第 P 項、すなわち、

$$n = 4P + 3$$

をつくると、n は 7, 11, …, p と 4 のどれでも割り切れず、それらで割ると 3 余る。さらに n は 3 でも割り切れない。

したがって、もし n が素数ならこの数列の中に新しい素数があったことになる。別の言葉でいいかえると、p より大きく、4で割ると3余る素数があったことになる。

n が素数でない場合、n の素因数 q を考えよう。n の素因数がすべて4で割ると1余る素数だったとする。すると、4で割ると1余る数の積について、

$$(4a + 1)(4b + 1) = 16ab + 4a + 4b + 1$$
$$= 4(4ab + a + b) + 1$$

となるから、それらの積は4で割ると1余ることになる。

したがって、nの素因数がすべて4で割ると1余る素数だと、それらの積であるnを4で割ると3余ることに反する。

したがって、nは少なくとも1つ、4で割ると3余る素因数qを持つ。

この素因数qは3, 7, …, pのどれでもないから、3, 7, 11, …, p以外に4で割ると3余る素数があることになり、矛盾がでる。

証明終

■図10

こうすると、ユークリッドの証明はこの数列の中に最大の素数pがあると仮定して、それらの積$P = 3・5・…・p$をつくり、第P項、すなわち$n = 2P + 1$を考えることにより矛盾を導いたことになります。

この証明をすこしアレンジすると図10の定理が証明できます。

この数列を最初から書くと7, 11, 15, 19, 23, …となり、3が入っていないことに注意して下さい。

証明は背理法を使います。

このように、$4n + 3$型の素数が無限個あることについてはユークリッドの方法を少しだけ改良した方法で証明できます。同様にして、数列$a_n = 6n + 5$も無限にたくさんの素数を含むことが証明できます（奇素数は必ず$6n + 1$か$6n + 5$の形に書けることに注意して、この証明を

フェルマーの小定理 (ver. I)

x が素数 p で割り切れない整数なら、$x^{p-1}-1$ は p で割り切れる。

証明

$$x,\ 2x,\ 3x,\ \cdots,\ (p-1)x$$

の $p-1$ 個の数を p で割った余りを考える。

もし、この中に同じ余りを持っている数 nx, mx があれば、その差 $mx-nx=(m-n)x$ は p で割り切れる。x は p で割り切れないから $m-n$ が p で割り切れることになり矛盾（$m-n<p$ です！）。

したがって、これら $p-1$ 個の数を p で割った余りはすべて異なり、余りは 1, 2, 3, $\cdots$, $p-1$ のいずれかである。

ところで、n, m と n', m' が p で割ったとき同じ余り a, b を持つとき、これら 2 つの数の積 $n\cdot m$ と $n'\cdot m'$ を p で割った余りは等しい（それは $a\cdot b$ を p で割った余りです）。

よって、これらの数の積、

$x\cdot 2x\cdot 3x\cdot\cdots\cdot(p-1)x=(p-1)!\cdot x^{p-1}$ と
$1\cdot 2\cdot 3\cdot\cdots\cdot(p-1)=(p-1)!$

を p で割った余りは等しい。

したがって、その差、

$$(p-1)! \cdot x^{p-1} - (p-1)! = (p-1)! \cdot (x^{p-1} - 1)$$

は p で割り切れるが、$(p-1)!$ は p で割り切れないから、

$$x^{p-1} - 1$$

は p で割り切れる。

証明終

■図11

しかし、次の定理の証明はもう少し難しいのです。

[定理]
数列 $a_n = 4n+1$ は無限に多くの素数を含む。

すなわち、4で割ると1余る素数は無限にたくさんある。

なぞって下さい)。

$4n+3$ 型の数の積については $4n+1$ 型の数の積と違って、積をとったとき4で割った余りが3になるということがいえません。余りは3にも1にもなるので、数 $4P+1$ の素因数がすべて $4n+3$ 型の素数であったとしても矛盾はなく、このような論法が使えないのです。

証明には図11の有名な定理を使います。

> **フェルマーの小定理（Ver. II）**
>
> 　整数xと素数pについて、x^pとxをpで割った余りは等しい。すなわち、$x^p - x$はpで割り切れる。
>
> **証明**
>
> $$x^p - x = x \cdot (x^{p-1} - 1)$$
>
> 　だから、xがpで割り切れるなら$x^p - x$はpで割り切れるし、そうでないなら、フェルマーの小定理（ver. I）によって$x^{p-1} - 1$がpで割り切れ、$x^p - x$はpで割り切れる。
>
> 　　　　　　　　　　　　　　　　　　　　証明終

■図12

　フェルマーは整数論についてもいろいろな結果を残しています。もっとも有名なのは「フェルマーの最終定理」でしょう。

　「nが3以上の整数のとき、方程式$x^n + y^n = z^n$は自然数の解x, y, zを持たない」

というのが内容で、定理の意味は中学生でも分かります。フェルマーの愛読した数学書の欄外の書き込み「証明を記すにはこの余白は狭すぎる」でも有名です。

　しかし、これは世紀を越えた難問で、提出されてから350年もたった1994年にアンドリュー・ワイルズという数学者によって証明されました。その証明に日本の数学者・谷山豊、志村五郎

定理

数列 $a_n = 4n + 1$ は無限に多くの素数を含む。すなわち、4で割ると1余る素数は無限にたくさんある。

証明

x を偶数として、奇数 $x^2 + 1$ を考える（この数は $4n + 1$ 型の数であることに注意しておきます）。

$x^2 + 1$ の素因数は奇素数だから、$4n+1$ 型か $4n+3$ 型のどちらかである。

いま、$x^2 + 1$ の素因数 p が $p = 4n + 3$ だったとしよう。さて、

$$x^{p-1} + 1 = x^{4n+2} + 1$$
$$= x^{2(2n+1)} + 1$$
$$= (x^2)^{2n+1} + 1$$

となるが、因数定理によって、a の奇数乗 $+1$ は $a+1$ で割り切れるので（$a = -1$ とすれば、a の奇数乗 $+1 = 0$ になります）、この場合は $x^2 + 1$ で割り切れて、

$$x^{p-1} + 1 = (x^2 + 1) \cdot (x^{4n} - x^{4n-2} + x^{4n-4} - \cdots + 1)$$

となる。

ここで、p は $x^2 + 1$ の素因数だから、この式より $x^{p-1} + 1$ は p で割り切れる。

よってフェルマーの小定理（Ver. I）と合わせて

$$x^{p-1}+1,\ x^{p-1}-1$$

はどちらも奇素数 p で割り切れる。

ところが、2つの数 $a+1$、$a-1$ を同時に割り切る素数は2しかなく、これは p が奇素数であることに反する。
(注：$a-1$ が素数 p を使って $a-1 = p \cdot x$ と素因数分解できたとすると、$a+1 = (a-1) + 2 = p \cdot x + 2$ でこれが p で割り切れるのは $p=2$ のときしかありません)

したがって、奇数 x^2+1 の素因数はすべて $4n+1$ 型の素数である。

いま、$4n+1$ 型の素数が有限個しかないとして、それらを $5, 13, 17, \cdots, p$ とする。これに素数 2 を付け加えて、偶数、

$$x = 2 \cdot 5 \cdot 13 \cdot 17 \cdots \cdot p$$

をつくる。
ここで、

$$a = x^2 + 1$$

をつくると、いまの議論から a の素因数は $4n+1$ 型の素数で x の素因数ではない。したがって、p より大きい $4n+1$ 型の素数があったことになり矛盾。

証明終

■図13

がとても重要な役割を果たしたことでも知られています。

興味のある方は『フェルマーの最終定理』(サイモン・シン、新潮文庫)をご覧下さい。

さて、図11の定理はフェルマーの最終定理と区別してフェルマーの小定理と呼ばれています。

小といわれていても、これは整数論では大変重要な役割を果たす定理ですが、図12のようにいいかえることもできます。

ではフェルマーの小定理を用いた証明を紹介しましょう。

念のためもう一度定理を書いておきます(図13)。

最初に注意したように、等差数列 $a_n = 2n + 1$ が無限にたくさんの素数を含むということが、素数が無限にたくさんあるということでした。これで等差数列 $a_n = 4n + 1$, $a_n = 4n + 3$ がいずれも素数を無限にたくさん含むことが分かりました。

なお補足として、前に紹介したウィルソンの定理の、フェルマーの小定理を使った証明を図14に紹介しておきます。

では次に自然数の逆数がつくる数列を考えてみましょう。

ウィルソンの定理

k が素数である必要十分条件は、k が $(k-1)!+1$ を割り切ることである。

証明

k が素数でなければ、$k = n \times m$ でこれらは $(k-1)!$ を割り切るから、$\dfrac{(k-1)!}{k}$ が整数となり、$\dfrac{(k-1)!+1}{k}$ は整数にならない（$n = m$ の場合でも大丈夫です）。

k を素数 p とする。$p = 2$ のとき定理が成り立つことは明らかなので、p は奇素数としてよい。

$$f(x) = x^{p-1} - 1, \quad g(x) = (x-1)(x-2)(x-3)\cdots(x-(p-1))$$

とおく。

フェルマーの小定理 (ver. I) により、$f(x)$ は $x = 1, 2, 3, \cdots, p-1$ のとき p で割り切れる。一方、$g(x)$ はそのつくり方から、$x = 1, 2, 3, \cdots, p-1$ のとき 0 となり p で割り切れる。つまり、素数 p で割った余りで考えると、$p-1$ 次方程式

$$x^{p-1} - 1 \equiv 0$$

は $p-1$ 個の解 $1, 2, 3, \cdots, p-1$ を持ち、

$$x^{p-1} - 1 \equiv (x-1)(x-2)(x-3)\cdots(x-(p-1)) \pmod{p}$$

という因数分解が成り立つ。

これより、すべてのxについて、$f(x)$, $g(x)$をpで割った余りが等しくなることが分かり、

$$g(x) - f(x)$$

はすべてのxについてpで割り切れる。

とくに$x = 0$を代入すると、$g(0) - f(0)$がpで割り切れるが、

$$\begin{aligned}g(0) - f(0) &= (-1)(-2)(-3)\cdots(-(p-1)) - (-1) \\ &= (-1)^{p-1}(p-1)! + 1 \\ &= (p-1)! + 1\end{aligned}$$

となり$(p-1)! + 1$がpで割り切れる。

証明終

■図14

逆数のつくる数列(1)

自然数列 1, 2, 3, …の和がいくらでも大きくなるのは当然ですが、自然数の逆数の数列

$$1, \frac{1}{2}, \frac{1}{3}, \frac{1}{4}, \frac{1}{5}, \cdots, \frac{1}{n}, \cdots$$

の和はどうなるでしょうか。この数列を調和数列といいます。ちょっと考えると、調和数列の各項はどんどん小さくなっていくので、和が(いくつかは分からなくても)あるような気がしますが、じつはこの数列の和はいくらでも大きくなるのです。

一般に数列 $a_1, a_2, a_3, a_4, \cdots$ があるとき、これらを+で結んだ

$$a_1 + a_2 + a_3 + a_4 + \cdots$$

を級数といいます。数列が第 n 項までのとき、この数列からできる級数は、

$$a_1 + a_2 + a_3 + \cdots + a_n$$

と有限個の数の和となり、値を計算することができます。実際に等差数列や等比数列、あるいは自然数の2乗や3乗の和の公式はこのような有限の級数の和を求めていたわけです。

では、調和数列であげたような無限個の項をたす場合はどう考えたらいいのでしょう。実際に無限個の数をたすことはできないので、その和をどう考えるのかはとても大切な問題です。

無限個の項を＋で結んだ級数を無限級数といいます。無限級数についてはその「和」を次のように決めます。

[定義]

無限級数 $a_1 + a_2 + a_3 + a_4 + \cdots$ で、第 n 項までの和 $S_n = a_1 + a_2 + a_3 + \cdots + a_n$ を考える。

このとき、数列 $S_1, S_2, S_3, \ldots$ が一定の数 S に近づくとき、この S を無限級数の和といい、$a_1 + a_2 + a_3 + a_4 + \cdots = S$ と書く。

また、この無限級数は S に収束するといいます。数列 $\{a_n\}$ について、和については、高等学校で Σ という記号を学びます。

$$a_1 + a_2 + a_3 + \cdots + a_n$$

を、

$$a_1 + a_2 + a_3 + \cdots + a_n = \sum_{k=1}^{n} a_k$$

という記号で表します。この記号の和の記号は便利なのでこれからはときどき使うことにしましょう。この記号を使えば、

$$a_1 + a_2 + a_3 + a_4 + \cdots = \lim_{n \to \infty} s_n$$

あるいは、

$$\lim_{n \to \infty} \sum_{k=1}^{n} a_k$$

が収束するとき、この値を無限級数の和という、と書くことができます。この場合、和の記号を少し拡大解釈して、記号 ∞ を使って、

$$a_1 + a_2 + a_3 + \cdots = \sum_{k=1}^{\infty} a_k$$

と書くこともあります。

また S_n が一定の値に近づかないとき、つまり、いくらでも大きくなったり、いくらでも小さくなったり (負の無限大)、あるいは、いろいろな値を行ったり来たりするときは、この無限級数は和を持たない、あるいは発散するといいます。いくつか例をあげましょう。

例1

$$1 + \frac{1}{2} + \frac{1}{4} + \frac{1}{8} + \frac{1}{16} + \cdots = 2$$

順番に和を計算していくと、

$$S_1 = 1, \ S_2 = \frac{3}{2}, \ S_3 = \frac{7}{4}, \ S_4 = \frac{15}{8}, \ S_5 = \frac{31}{16}, \ \cdots$$

となり、この値がどんどん2に近づいていくことが分かります。ですから、この級数の

和は2になります。これは後で等比級数の和として確かめます。

例2

$1+(-1)+1+(-1)+1+(-1)+\cdots$

同じように和を計算していくと、

$S_1 = 1, S_2 = 0, S_3 = 1, S_4 = 0, S_5 = 1, \ldots$

となり、この値は1と0を行ったり来たりして一定の値になりません。したがってこの級数は和を持ちません。

例3

$1+2+3+4+5+6+\cdots$

この和がどんどん大きくなっていくことは明らかです。したがってこの級数も和を持ちません。

さて、調和級数の和

$$1+\frac{1}{2}+\frac{1}{3}+\frac{1}{4}+\frac{1}{5}+\cdots+\frac{1}{n}+\cdots$$

はどうなるだろうか、というのが問題でした。最初に述べたように、この級数の一つひとつの項はどんどん小さくなっていきます。ですから、自然数列の和のように、和がいくらでも大きくなるということは明らかではありません。

調和級数について次の定理が成り立ちます。

[定理]
調和級数

$$1+\frac{1}{2}+\frac{1}{3}+\frac{1}{4}+\frac{1}{5}+\cdots+\frac{1}{n}+\cdots$$

はいくらでも大きくなる（発散する）。

証明をいくつか紹介します。

図15が標準的な証明です。2の累乗ごとに項を区切っていくのは少しだけ技巧的ですが、とても面白い証明です。積分を使ったきれいな証明があるので、それも紹介しましょう〈図16〉。

対数関数の積分さえできれば、大きな技巧は使わなくてすみます。このあたりは数学の面白いところでもあり、難しいところでもあります。つまり、技巧的な証明は確かに見つけることは難しいのですが、平面幾何学の補助線と似ていて発見する快感があります。

それに比べると積分を使った証明は難しいところはありませんが、あまり「面白くない」かも知れません。

蛇足のように、もう一つ技巧的な図17の証明を紹介しましょう。最初の証明がほとんど何も使わずにアイデアだけでできていて、とてもきれいですが、三者三様の証明を鑑賞して下さい。

この調和級数が無限大に発散してしまうことを使ったオイラーによる「素数の無限性」のとても不思議な証明があります。次にそれを紹介しましょう。

証明（その1）

この数列の各項を最初の1を除いて、1個、2個、4個、8個、16個、という具合に2の累乗で切ってみる。

$$1 + \frac{1}{2} + \left(\frac{1}{3} + \frac{1}{4}\right) + \left(\frac{1}{5} + \frac{1}{6} + \frac{1}{7} + \frac{1}{8}\right) + \cdots$$
$$+ \left(\frac{1}{2^{n-1}+1} + \cdots + \frac{1}{2^n}\right) + \cdots$$

すると各（ ）の中は3番目から

$$\frac{1}{3} + \frac{1}{4} > \frac{1}{4} + \frac{1}{4} = \frac{1}{2}$$

$$\frac{1}{5} + \frac{1}{6} + \frac{1}{7} + \frac{1}{8} > \frac{1}{8} + \frac{1}{8} + \frac{1}{8} + \frac{1}{8} = \frac{1}{2}$$

$$\vdots$$

$$\frac{1}{2^{n-1}+1} + \frac{1}{2^{n-1}+2} + \cdots + \frac{1}{2^n} > \frac{1}{2^n} + \frac{1}{2^n} + \cdots$$
$$+ \frac{1}{2^n} = \frac{2^{n-1}}{2^n} = \frac{1}{2}$$

となってすべて $\frac{1}{2}$ より大きい。

したがって調和数列の和は、

$$1 + \frac{1}{2} + \frac{1}{3} + \frac{1}{4} + \frac{1}{5} + \cdots + \frac{1}{n} + \cdots$$
$$> 1 + \frac{1}{2} + \frac{1}{2} + \frac{1}{2} + \frac{1}{2} + \cdots$$

となり、右辺がいくらでも大きくなることは明らかだから、左辺もいくらでも大きくなる。

証明終

■図15

証明(その2)

関数 $y = \dfrac{1}{x}$ と $x = 1$, $x = n+1$ で囲まれた部分の面積を考えよう。

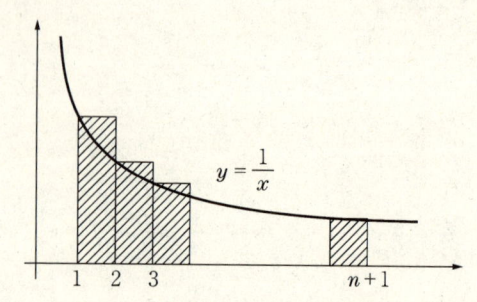

斜線をつけた長方形の面積は、前から順に 1, $\dfrac{1}{2}$, $\dfrac{1}{3}$, …, $\dfrac{1}{n}$ となっている。

よって図の面積の関係から明らかに、

$$1 + \frac{1}{2} + \frac{1}{3} + \frac{1}{4} + \frac{1}{5} + \cdots + \frac{1}{n} > \int_1^{n+1} \frac{1}{x} dx$$

となるが、右辺の積分を計算すると、

$$\int_1^{n+1} \frac{1}{x} dx = \left[\log x\right]_1^{n+1}$$
$$= \log(n+1)$$

となり、

$$1+\frac{1}{2}+\frac{1}{3}+\frac{1}{4}+\frac{1}{5}+\cdots+\frac{1}{n} > \log(n+1)$$

となる。

ここで n をどんどん大きくすると右辺はいくらでも大きくなるから、それより大きい左辺もいくらでも大きくなる。

証明終

■図16

証明（その3）

まず、

$$\frac{1}{2n-1}+\frac{1}{2n} > \frac{1}{n}$$

を示す。

$$\begin{aligned}\frac{1}{2n-1}+\frac{1}{2n}-\frac{1}{n} &= \frac{1}{2n-1}+\frac{1}{2n}-\frac{2}{2n}\\ &= \frac{1}{2n-1}-\frac{1}{2n}\\ &= \frac{1}{2n(2n-1)} > 0\end{aligned}$$

これより、$S_{2n}-S_n$ を計算すると、

$$\left(1+\frac{1}{2}+\frac{1}{3}+\frac{1}{4}+\frac{1}{5}+\cdots+\frac{1}{2n-1}+\frac{1}{2n}\right)-$$
$$\left(1+\frac{1}{2}+\frac{1}{3}+\frac{1}{4}+\frac{1}{5}+\cdots+\frac{1}{n}\right)$$
$$=\left(1+\frac{1}{2}-1\right)+\left(\frac{1}{3}+\frac{1}{4}-\frac{1}{2}\right)+\cdots$$
$$+\left(\frac{1}{2n-1}+\frac{1}{2n}-\frac{1}{n}\right)=\frac{1}{2}+\frac{1}{12}+\cdots+\frac{1}{2n(2n-1)}$$
$$>\frac{1}{2}$$

となる。

すなわち、$S_{2n}-S_n>\frac{1}{2}$ である。

よって、もし調和級数が一定の値 α に収束するとすれば、

$$\lim_{n\to\infty}S_{2n}=\lim_{n\to\infty}S_n=\alpha$$

だから、

$$\lim_{n\to\infty}(S_{2n}-S_n)=\alpha-\alpha=0$$

となるが、これは $S_{2n}-S_n>\frac{1}{2}$ に反する。

証明終

■図17

オイラーによる、素数が無限個あることの証明

証明のために少し準備が必要です。最初に級数の和についてもう一度考えましょう。

$a_n = a + (n-1)d$ で表される等差数列について、それがつくる級数 $a_1 + a_2 + a_3 + \cdots$ は和を持つでしょうか?

等差数列の第 n 項までの和 S_n は、

$$S_n = \frac{n}{2}(2a + (n-1)d)$$

となりますから、a、d がどんな値でも ($a = d = 0$ というつまらない場合を除いて!)、$n \to \infty$ とすれば正または負の無限大に発散します。したがって、等差級数は特別な場合を除いて和を持ちません。

では、等比級数はどうでしょう。

等比数列を $a_n = ar^{n-1}$ とすると、第 n 項までの和 S_n は、

$$S_n = \frac{a(1-r^n)}{1-r}$$

となります。ここで、$-1<r<1$ のとき、$\lim_{n\to\infty}r^n=0$ となり、

$$a+ar+ar^2+ar^3+\cdots=\frac{a}{1-r}\left(=\lim_{n\to\infty}S_n\right),\quad(-1<r<1)$$

という無限等比級数の和の公式が得られます。

ちょっと息抜きに、小学生や中学生がよく悩む、

$1=0.9999999999\cdots$?

を無限等比級数の和で考えてみます。これはどうしても少し不思議な感じがする式で、子どもたちは右辺と左辺ではわずかに違いがあるという感覚を持つようです。この式の説明の仕方はいろいろと考えられていますが、ここでは正攻法で無限等比級数を使って説明しましょう。

上の式の右辺を、

$0.999999\cdots=0.9+0.09+0.009+0.0009+0.00009+\cdots$

と考えると、右辺は初項が0.9で公比が0.1の無限等比級数の和になっていることが分かり、和の公式から

$$0.9999999\cdots = \frac{0.9}{1-0.1} = \frac{0.9}{0.9} = 1$$

となることが分かります。この証明では、

$$0.9999999\cdots = 0.9 + 0.09 + 0.009 + 0.0009 + 0.00009 + \cdots$$

と考えることが要点で、これさえ納得してしまえば、後は等比級数の和の公式から機械的に求めることができますが、何となくはぐらかされた感じがする人もいるようです。

さて、オイラーによる素数の無限性の証明にはこの無限等比級数の和の公式を使います。

最初に、どんな自然数も一通りに素因数分解できることを注意しておきます。

ここからはしばらくオイラーの心に戻って、厳密であるよりも想像力を働かせて数学の世界に遊んでみましょう。

調和級数

$$1 + \frac{1}{2} + \frac{1}{2^2} + \frac{1}{2^3} + \frac{1}{2^4} + \cdots$$

$$1 + \frac{1}{3} + \frac{1}{3^2} + \frac{1}{3^3} + \frac{1}{3^4} + \cdots$$

$$1 + \frac{1}{5} + \frac{1}{5^2} + \frac{1}{5^3} + \frac{1}{5^4} + \cdots$$

$$1 + \frac{1}{7} + \frac{1}{7^2} + \frac{1}{7^3} + \frac{1}{7^4} + \cdots$$

$$\vdots$$

$$1 + \frac{1}{p} + \frac{1}{p^2} + \frac{1}{p^3} + \frac{1}{p^4} + \cdots$$

$$\vdots$$

■図18

$1 + \frac{1}{2} + \frac{1}{3} + \frac{1}{4} + \frac{1}{5} + \frac{1}{6} + \cdots$

の分母には自然数がちょうど1回だけ出てきます。それらは素数の積として一通りに表されます。たとえば

$$\frac{1}{60} = \frac{1}{2^2 \cdot 3 \cdot 5}$$

などのようです。

ここで図18のような無限等比級数たちを考えるのです。

すなわち、素数 p に対して、初項が1で公比が $\frac{1}{p}$ となる等比級数たちです。

これらの等比級数は公比が1より小さいので和を持ちますが、これらの等比級数をすべての素数についてかけるとどうな

$$
\begin{aligned}
&\left(1+\frac{1}{2}+\frac{1}{2^2}+\cdots\right)\\
\times&\left(1+\frac{1}{3}+\frac{1}{3^2}+\cdots\right)\\
\times&\left(1+\frac{1}{5}+\frac{1}{5^2}+\cdots\right)\\
\times&\left(1+\frac{1}{7}+\frac{1}{7^2}+\cdots\right)\\
&\cdots
\end{aligned}
$$

■図19

るでしょうか。本当はこれらの式のかけ算とはどんなものなのかをきちんというべきですが、ここは想像力に身をゆだねて下さい。

図19の式を展開したとき、$\frac{1}{60}$という項が出てくるでしょうか？

はい、出てきます。

それは最初のかっこから$\frac{1}{2^2}$を選び、2番目のかっこから$\frac{1}{3}$を選び、3番目のかっこからは$\frac{1}{5}$を選び、その他のかっこからは全部1を選んでかければいいのです。ここに自然数の素因数分解の一意性が働いています。ここで少し想像力を働かせると、どんな自然数の逆数でも、この積からつくり出せることが納得できます。大切なことは、どんな自然数でも素数の積に一通りに分解できるということです。したがって、この無限個の積を展開すると、分母にはすべての自然数がちょうど1回だけ現れる

ことになり、展開した結果は、

$$1 + \frac{1}{2} + \frac{1}{3} + \frac{1}{4} + \frac{1}{5} + \cdots$$

という調和級数になることが分かります。
ところで、これらの等比級数たちは和を持ちました。
すなわち、図20のとおりです。
したがって次の等式が成り立ちます。

$$1 + \frac{1}{2} + \frac{1}{3} + \frac{1}{4} + \cdots = \frac{1}{1-\frac{1}{2}} \cdot \frac{1}{1-\frac{1}{3}} \cdot \frac{1}{1-\frac{1}{5}} \cdots$$

これがオイラーが発見した「調和級数の因数分解」にほかなりません。数学では和の記号に Σ を使いますが、積の記号には Π という記号を使います。これを使うと右の式は見やすい式、

$$1 + \frac{1}{2} + \frac{1}{2^2} + \frac{1}{2^3} + \frac{1}{2^4} + \cdots = \frac{1}{1-\frac{1}{2}}$$

$$1 + \frac{1}{3} + \frac{1}{3^2} + \frac{1}{3^3} + \frac{1}{3^4} + \cdots = \frac{1}{1-\frac{1}{3}}$$

$$1 + \frac{1}{5} + \frac{1}{5^2} + \frac{1}{5^3} + \frac{1}{5^4} + \cdots = \frac{1}{1-\frac{1}{5}}$$

$$1 + \frac{1}{7} + \frac{1}{7^2} + \frac{1}{7^3} + \frac{1}{7^4} + \cdots = \frac{1}{1-\frac{1}{7}}$$

$$\vdots$$

■図20

$$\frac{1}{1-\frac{1}{2}} = \frac{2}{1}$$

$$\frac{1}{1-\frac{1}{3}} = \frac{3}{2}$$

$$\frac{1}{1-\frac{1}{5}} = \frac{5}{4}$$

$$\frac{1}{1-\frac{1}{p}} = \frac{p}{p-1}$$

■図21

になります。右辺はすべての素数 p について積を考えるという意味です。数学にはいろいろと面白くきれいな式が出てきますが、この調和級数の因数分解の式はもっとも美しい式の一つといっていいでしょう。

この式を使うと素数が無限にあることが分かります。説明しましょう。

いま、素数が有限個しかなかったとして、それを 2, 3, 5, 7, 11, … p とします。すると、右辺の因数はそれぞれ図21のようになりますから、その積は有限の値、

$$\frac{2}{1} \cdot \frac{3}{2} \cdot \frac{5}{4} \cdot \cdots \cdot \frac{p}{p-1}$$

になります。

ところが左辺の調和級数が無限大に発散することはすでに分かっていますから、これで矛盾が出ました。

調和級数の発散が素数の無限性に関係するというのは、とても不思議な面白い事実です。

$$\sum_{n=1}^{\infty} \frac{1}{n} = \prod_{素数p} \frac{1}{1-\frac{1}{p}}$$

逆数のつくる数列(2) ゼータ関数

自然数の逆数のつくる数列の問題は、このオイラーの素数の無限性との関係の発見から始まって、一大進化を遂げました。

一般に自然数の s 乗の逆数がつくる数列、

$$\frac{1}{1^s}, \frac{1}{2^s}, \frac{1}{3^s}, \frac{1}{4^s}, \frac{1}{5^s}, \ldots$$

を考えて、それからできる無限級数をゼータ関数といいます。すなわち、

$$\zeta(s) = \frac{1}{1^s} + \frac{1}{2^s} + \frac{1}{3^s} + \frac{1}{4^s} + \frac{1}{5^s} + \ldots$$

という関数です。この関数は、リーマンが変数 s を複素数にまで拡張してリーマンのゼータ関数という現代数学の大きな研究分野を開拓しました。ここでは s は整数の範囲で考えます。

$\zeta(1)$ が調和級数で、すでに和を持たないことを確かめました。次に問題になったのが

$\zeta(2)$ の値でした。

$$\zeta(2) = \frac{1}{1^2} + \frac{1}{2^2} + \frac{1}{3^2} + \frac{1}{4^2} + \frac{1}{5^2} + \cdots$$

が収束し値を持つことを示してみましょう。少し技巧的な証明ですが、補助線を引くような面白さを鑑賞して下さい (図22)。

こうして、この級数には和が存在することが分かりました。では、その値はいくつになるのでしょうか。この問題は17世紀半ばに提起されました。当時バーゼル大学にいたヤコブ・ベルヌーイが広く提唱したのでバーゼル問題と呼ばれ、17〜18世紀における数学の超難問でした。結局ベルヌーイはこの問題を解くことなく世を去り、1735年になってオイラーが解決したのです。

オイラーの求めた結果を紹介しましょう。

[定理 (バーゼル問題)]

$$\frac{1}{1^2} + \frac{1}{2^2} + \frac{1}{3^2} + \frac{1}{4^2} + \cdots = \frac{\pi^2}{6}$$

定理

$\zeta(2)$は収束し和を持つ。

証明

2乗の逆数のつくる級数について、第2項以下を考えると、

$$\frac{1}{2^2} < \frac{1}{1 \cdot 2}, \ \frac{1}{3^2} < \frac{1}{2 \cdot 3}, \ \frac{1}{4^2} < \frac{1}{3 \cdot 4}, \ \cdots,$$

$$\frac{1}{n^2} < \frac{1}{(n-1) \cdot n}$$

となるので、次の不等式が成り立つ。

$$\frac{1}{1^2} + \frac{1}{2^2} + \frac{1}{3^2} + \frac{1}{4^2} + \cdots$$

$$< \frac{1}{1^2} + \frac{1}{1 \cdot 2} + \frac{1}{2 \cdot 3} + \frac{1}{3 \cdot 4} + \cdots$$

ところで右辺の級数について、

$$\frac{1}{(n-1) \cdot n} = \frac{1}{n-1} - \frac{1}{n}$$

が成り立つので(これは高校数学でよく使われる部分分数展開というテクニックです)、

$$\frac{1}{1^2} + \frac{1}{1 \cdot 2} + \frac{1}{2 \cdot 3} + \frac{1}{3 \cdot 4} + \cdots$$

$$= \frac{1}{1^2} + \left(\frac{1}{1} - \frac{1}{2}\right) + \left(\frac{1}{2} - \frac{1}{3}\right) + \left(\frac{1}{3} - \frac{1}{4}\right) + \cdots$$
$$+ \left(\frac{1}{n-1} - \frac{1}{n}\right) + \cdots$$

となり、第2項以下のかっこは順にうち消しあって和が2となる。

したがって、

$$\frac{1}{1^2} + \frac{1}{2^2} + \frac{1}{3^2} + \frac{1}{4^2} + \cdots < 2$$

となる。

この級数の部分和 S_n がどんどん大きくなることを考えると、この級数は2より小さいある値に収束することが分かる。

証明終

■図22

いかがでしょうか。右辺の値は数値計算すると大体1.6くらいになります。

この値は簡単には求まりません。少し進んだ微分積分学の知識を使い、三角関数 $y = \sin x$ を無限級数に展開することによって求めることができますが、基本となる考え方は、調和級数を「無限個の積に因数分解」したのと同じように、「無限級数としての三角関数を『無限個の関数の積に因数分解』するというアイデアです。本書ではこの証明は割愛しますが、最後にこの問題に関係するいくつかの話題

を紹介しましょう。オイラーは同じアイデアを使い、$\zeta(4)$、$\zeta(6)$ の値など、一般に s が偶数のときの ζ 関数の値 $\zeta(s)$ を求めました。参考までにその値をいくつか書いておきましょう。

$$\frac{1}{1^4}+\frac{1}{2^4}+\frac{1}{3^4}+\frac{1}{4^4}+\cdots=\frac{\pi^4}{90}$$

$$\frac{1}{1^6}+\frac{1}{2^6}+\frac{1}{3^6}+\frac{1}{4^6}+\cdots=\frac{\pi^6}{945}$$

では、s が奇数の時の $\zeta(s)$ の値はどうなるのでしょうか。これについては長い間未解決のままでしたが、1978年にフランスの当時無名だった数学者アペリが、$\zeta(3)$ の値が無理数になることを証明しました。しかし実際の値がいくつになるのかはまだ分かっていません。

また、この値はたぶん超越数になると予想されていますが、未解決です。s が複素数のとき、$\zeta(s)=0$ となる s について、リーマンはその解となる複素数の実数部分は $\frac{1}{2}$ だろうという有名なリーマン予想を残しました。これは現代数学のもっとも有名な未解決問題の一つとして残っています。

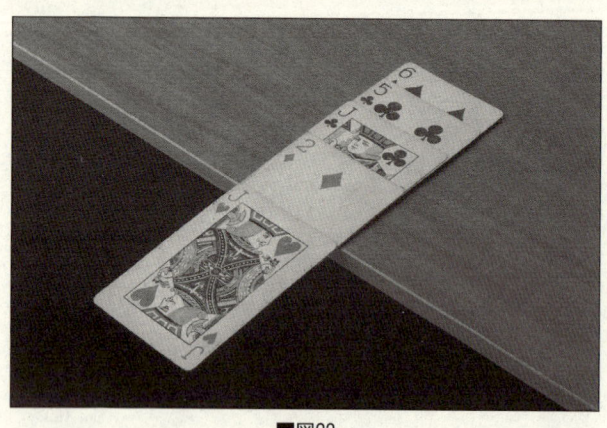

■図23

調和級数をめぐる不思議なパズル

これまでに見てきたように、調和級数は無限大に発散します。この事実を使った面白いパズルを一つ紹介しましょう。

問題

トランプを図23のように、机の端に少しずつずらして重ねていきます。このとき、一番上のトランプはどのくらい前にずらせるでしょうか? ただし、トランプカードはいくらでもたくさんあるとし、計算を簡単にするため、カードの長さを2にしておきます。

カード2枚で考えると、ぎりぎりちょうど半分の1までずらせます。これ以上ずらすと

■図23-1　　　　　　■図23-2

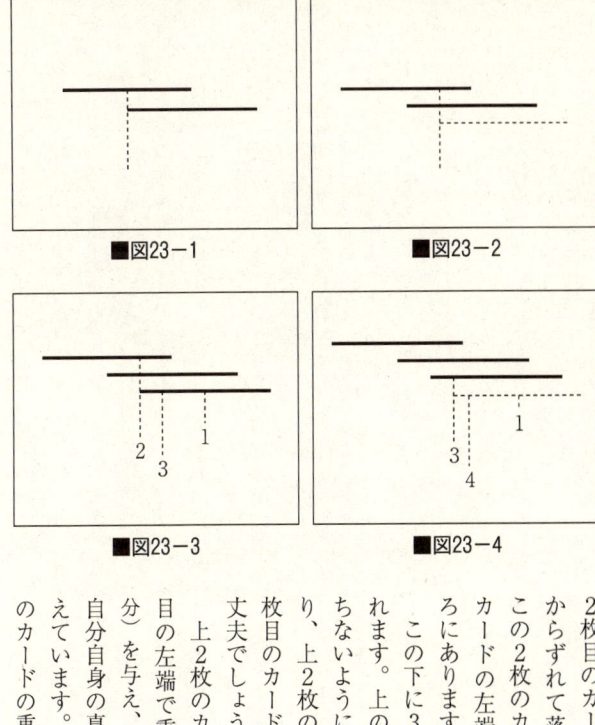

■図23-3　　　　　　■図23-4

2枚目のカードが1枚目からずれて落ちてしまいます。この2枚のカードの重心は下のカードの左端から$\frac{1}{2}$のところにあります（図23－1）。

この下に3枚目のカードを入れます。上の2枚のカードが落ちないようにするには、ぎりぎり、上2枚のカードの重心が3枚目のカードの左端にあれば大丈夫でしょう（図23－2）。

上2枚のカードの重心は3枚目の左端で重さ2（カード2枚分）を与え、3枚目のカードは自分自身の真ん中に重さ1を与えています。ですからこの3枚のカードの重心は1を1：2に

内分する点、つまり、3枚目のカードの左端から $\frac{1}{3}$ のところにあります（図23－3）。この下に4枚目のカードを入れます。上3枚のカードの重心が4枚目のカードにあれば大丈夫です（図23－4）。上3枚のカードは4枚目のカードで重さ3（カード3枚分）を与え、4枚目のカードは自分自身の真ん中に重さ1を与えています。ですからこの4枚のカードの重心は4枚目のカードの左端から $\frac{1}{4}$ のところにあります。

からくりが分かってきました。下のカードを $\frac{1}{2}$, $\frac{1}{3}$, $\frac{1}{4}$, …と左端に近づいていくにしたがって、重心は一番最後のカードの左端から $\frac{1}{2}$, $\frac{1}{3}$, …と左端に近づいていきます。

したがって、$(n+1)$ 枚のカードを、

$$1, \frac{1}{2}, \frac{1}{3}, \cdots, \frac{1}{n+1}$$

だけずらして積み重ね、一番下のカードを机の端におくと、一番上のカードの左端は一番下のカードの端から、

$$1 + \frac{1}{2} + \frac{1}{3} + \cdots + \frac{1}{n}$$

のところまで伸びて、その重心は一番下のカードの左端から $\frac{1}{n+1}$ のところにあり、全体は崩れないのです。ところが、私たちは調和級数が無限大に発散することを知っています。つまり、カードのアーチは無限に伸ばすことができるのです！

実際、$1 + \frac{1}{2} + \frac{1}{3} + \frac{1}{4} = 2.0833\cdots > 2$ ですから、5枚のカードのアーチで、最初の1枚を空中に浮かせることができます。

また、

$$1 + \frac{1}{2} + \frac{1}{3} + \frac{1}{4} + \cdots + \frac{1}{12} = 3.0832\cdots$$

ですから、13枚のカードを使うと最初の1枚をカード2枚分の長さだけ空中に浮かせることができるということになります。実際に試してみました（図24）。

■図24

実物のカードで実行するのはなかなか難しいのですが、一応カード2枚分くらいは空中に浮かせることができました。

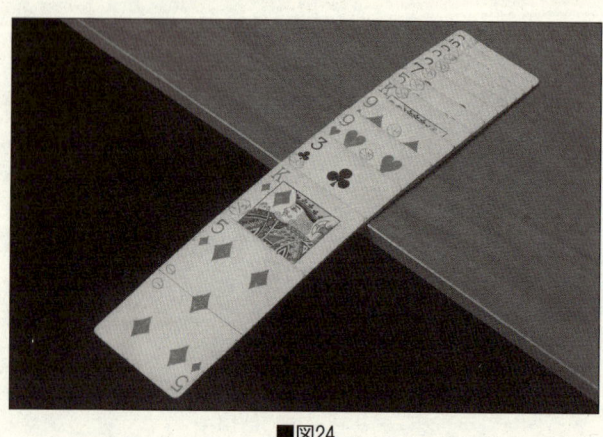

ファレイ数列

正の分数を数列として並べる方法を第1章で説明しました。これは後で第6章でも扱いますが、それは大小関係を犠牲にした並べ方でした。無限個の分数全体を大小関係を保って1列に並べることはできないのですが、有限個の分数ならもちろん、大小を調べて、大きさの順に並べることが可能です。ところで、分母がn以下の既約分数を次のような方法で1列に並べることができます。ここでは、話を$0 \leq x \leq 1$となる既約分数に限定します。

分母が1の既約分数は $\frac{0}{1}$、$\frac{1}{1}$ の二つしかありません。それらを大小の順序に並べます。

次に分母が2の既約分数は $\frac{1}{2}$ しかありません。これを先ほどの数列に大小の順に付け加えて、数列

$$\frac{0}{1}, \frac{1}{2}, \frac{1}{1}$$

をつくります。次に、分母が3の既約分数 $\frac{1}{3}$、$\frac{2}{3}$ を、同じように前の数列に大小の順に付け加えます。

$$\frac{0}{1}, \frac{1}{3}, \frac{1}{2}, \frac{2}{3}, \frac{1}{1}$$

分母が4、5の既約分数についても同様に順に付け加えていくと、図25のような数列たちをつくることができます。

つまり、n 回目のステップでは分母が n 以下の既約分数が大小の順に並んで出てきます。これらの数列を分母が n 以下の場合、第 n 次のファレイ数列といいます。ファレイは19世

$$\frac{0}{1}, \frac{1}{1}$$

$$\frac{0}{1}, \frac{1}{2}, \frac{1}{1}$$

$$\frac{0}{1}, \frac{1}{3}, \frac{1}{2}, \frac{2}{3}, \frac{1}{1}$$

$$\frac{0}{1}, \frac{1}{4}, \frac{1}{3}, \frac{1}{2}, \frac{2}{3}, \frac{3}{4}, \frac{1}{1}$$

$$\frac{0}{1}, \frac{1}{5}, \frac{1}{4}, \frac{1}{3}, \frac{2}{5}, \frac{1}{2}, \frac{3}{5}, \frac{2}{3}, \frac{3}{4}, \frac{4}{5}, \frac{1}{1}$$

■図25

紀のイギリスの地質学者ですが、この数列の研究をした人です。

1以下のどんな既約分数もいつかはこのファレイ数列の中に出てきます。さらにファレイ数列に現れる分数についてはいろいろと面白い性質が分かっています。そのいくつかを紹介しましょう。

中間分数

[補助定理]

二つの正の分数 $\frac{a}{b}$, $\frac{c}{d}$ について、$\frac{a}{b} < \frac{c}{d}$ のとき、分母同士、分子同士をたした分数をつくると、次の不等式が成り立つ。

証明をする前に、この式のちょっと面白い意味づけをしましょう。いま食塩水が入ったビーカーが二つあります。それぞれの量や濃度は何でもかまいません。この二つのビーカーの食塩水を一緒に混ぜます。新しい食塩水の濃度はどうなるでしょうか。もちろん、2種類の食塩水の量や濃度が分からなければ混合した食塩水の濃度は分かりません。しかし、混合食塩水の濃度は薄い方より濃く、濃い方より薄いことは確かです。これがこの不等式の意味です。左右両辺の分数が食塩水の濃度（食塩の量÷食塩水の量）を表すと考えて、もう一度見なおして下さい。

$$\frac{a}{b} < \frac{a+c}{b+d} < \frac{c}{d}$$

では証明です（図26）。

$$\frac{a}{b} < \frac{c}{d}$$

のとき、分数、

$$\frac{a+c}{b+d}$$

証明

$$\frac{a}{b} < \frac{c}{d}$$

だから、分母を払って、

$$ad < bc$$

である。
ここで、$a(b+d)$ を計算すれば、

$$\begin{aligned}a(b+d) &= ab + ad \\ &< ab + bc \\ &= b(a+c)\end{aligned}$$

よって、$a(b+d) < b(a+c)$ となり、これを分数の形に直せば、

$$\frac{a}{b} < \frac{a+c}{b+d}$$

となる。
もう一方の不等式も同様に証明できる。

証明終

■図26

を二つの分数の中間分数と呼ぶことにします。この証明で中間分数は確かに大小関係について、二つの分数の間にあることが分かります。

これをファレイ数列に当てはめると、分数 0／1、1／1 から出発して順番に中間分数をつけ加えていくとファレイ数列がつくれます。ただし、第 n ステップでは分母がたして n となる既約分数だけを付け加えます。

たとえば、第 5 次のファレイ数列は、

$$\frac{0}{1}, \frac{1}{5}, \frac{1}{4}, \frac{1}{3}, \frac{2}{5}, \frac{1}{2}, \frac{3}{5}, \frac{2}{3}, \frac{3}{4}, \frac{4}{5}, \frac{1}{1}$$

でしたから、これから第 6 次のファレイ数列をつくると、分母が 6 の既約分数は 1／6、5／6 しかないので、これを中間分数として付け加えて、

$$\frac{0}{1}, \frac{1}{6}, \frac{1}{5}, \frac{1}{4}, \frac{1}{3}, \frac{2}{5}, \frac{1}{2}, \frac{3}{5}, \frac{2}{3}, \frac{3}{4}, \frac{4}{5}, \frac{5}{6}, \frac{1}{1}$$

で 13 項からなる数列になります。

また、次数 7 のファレイ数列は 7 が素数なのでたくさん付け加わり、

$$\frac{0}{1}, \frac{1}{7}, \frac{1}{6}, \frac{1}{5}, \frac{1}{4}, \frac{1}{7}, \frac{2}{3}, \frac{1}{5}, \frac{2}{7}, \frac{3}{2}, \frac{1}{7}, \frac{4}{5}, \frac{3}{7}, \frac{2}{7}, \frac{5}{7},$$
$$\frac{3}{4}, \frac{4}{5}, \frac{5}{6}, \frac{6}{7}, \frac{1}{1}$$

となり、19項からなる数列になります。

ファレイ数列の項の数

一般に第 n 次のファレイ数列の項数はいくつになるでしょうか？ これは0と1を含めた分母が n 以下の既約分数の個数ですが、次のように求めることができます。

[定義]

n と互いに素な（共通な約数を持たない、あるいは最大公約数が1）n 以下の数の個数を $\varphi(n)$ で表してオイラー関数という。ただし、$\varphi(1)=1$ と約束する。

たとえば、$\varphi(2)=1$, $\varphi(3)=2$, $\varphi(4)=2$, $\varphi(5)=4$ などです。

したがって、分母が n の既約分数の個数は $\varphi(n)$ 個ということになり、第 n 次のファレイ数列は（両端の0と1をたすので）、

$$1 + \varphi(1) + \varphi(2) + \varphi(3) + \cdots + \varphi(n-1) + \varphi(n)$$

ということになります。

ではこのオイラー関数の値をうまく計算する方法を考えましょう。

まず、n が素数 p なら $\varphi(p) = p - 1$ となることは明らかです。

では n が素数の累乗 p^r のときはどうでしょうか。

このとき1から p^r までの数で p と共通約数を持つ数は、

$$p, \ 2p, \ 3p, \ \ldots, \ p^r = p^{r-1}p$$

で全部で p^{r-1} 個あります。

したがって、p と共通約数を持たない数は、

$$p^r - p^{r-1} = p^r \left(1 - \frac{1}{p}\right)$$

個あります。よって、

$$\varphi(p^r) = p^r\left(1 - \frac{1}{p}\right)$$

となります。

ところで、

「m, n が互いに素な数なら $\varphi(mn) = \varphi(m)\varphi(n)$」

これをオイラー関数の乗法性といいます。証明はそれほど難しくはないのですが、長いのでここでは m, n が素数 p, q のときだけを示しましょう。

1から pq までの数のうち、pq と共通な約数 p を持つものは $p, 2p, \ldots, qp$ の q 個あります。同様に、共通な約数 q を持つものは $q, 2q, \ldots, pq$ の p 個あります。ですから、pq からこれらの数を引けばいいのですが、pq が重複して数えられているので、1をたして補正します。このような個数の数え方を一般に包除原理といいます。

したがって、

$$\varphi(pq) = pq - p - q + 1$$

$$\varphi(n) = \varphi(p_1^{r_1} p_2^{r_2} \cdots p_k^{r_k})$$
$$= \varphi(p_1^{r_1}) \varphi(p_2^{r_2}) \cdots \varphi(p_k^{r_k})$$
$$= p_1^{r_1}\left(1 - \frac{1}{p_1}\right) p_2^{r_2}\left(1 - \frac{1}{p_2}\right) \cdots p_k^{r_k}\left(1 - \frac{1}{p_k}\right)$$
$$= p_1^{r_1} p_2^{r_2} \cdots p_k^{r_k} \left(1 - \frac{1}{p_1}\right)\left(1 - \frac{1}{p_2}\right) \cdots \left(1 - \frac{1}{p_k}\right)$$
$$= n \left(1 - \frac{1}{p_1}\right)\left(1 - \frac{1}{p_2}\right) \cdots \left(1 - \frac{1}{p_k}\right)$$

■図27

$$= (p-1)(q-1)$$
$$= \varphi(p)\varphi(q)$$

となり、乗法性が成り立っています。

さて、この乗法性を使うと、n が $n = p_1^{r_1} p_2^{r_2} \cdots p_k^{r_k}$ と素因数分解できたとすると、このときのオイラー関数の値は図27となります。

これで具体的にファレイ数列が計算できます。たとえば、第10次のファレイ数列では、項数は、

$$1 + \varphi(1) + \varphi(2) + \varphi(3) + \cdots + \varphi(9) + \varphi(10)$$

でそれぞれのオイラー関数の値を計算すると、

$$1 + 1 + 1 + 2 + 2 + 4 + 2 + 6 + 4 + 3 + 4 =$$
30

で30項になります。

ファレイ数列にはこのほかにも、互いに接する円との間のとてもきれいな関係などがあるのですが、本書では省略します。参考文献『数の本』（J・H・コンウェイ、R・K・ガイ、シュプリンガー・フェアラーク東京）を見て下さい。

フィボナッチ数列

少し級数の話が続きました。ここでまた数列の話に戻ってみましょう。第1章で数列の例としてあげておいたフィボナッチ数列についてもう少し詳しく考えてみます。もう一度フィボナッチ数列の定義を書いておきます。

[定義]

次の規則できまる数列をフィボナッチ数列という。

$a_{n+2} = a_{n+1} + a_n$

もちろんこの数列は出発となる初項 a_1 と第2項 a_2 を決めないと決まりません。普通は、

$a_1 = a_2 = 1$

とします。したがってフィボナッチ数列は、最初から順に、

1, 1, 2, 3, 5, 8, 13, 21, 34, 55, 89, 144, 233, 377, …

となります。この数列はフィボナッチが1202年に著した『算盤の書』という本の中に出てくる次の問題が発端のようです。

「一つがいの兎が1ヶ月にまた一つがいの兎を生む。生まれた一つがいの兎は2ヶ月目からまた一つがいの兎を生むとしたら、1年後には兎はなんつがいになるだろうか」

最初一つがい、1月には子兎のつがいが生まれて二つがい、2月には親がまたつがいを生むから三つがい。3月には孫兎も生まれるようになって五つがい、という具合に増えていきますから、これは確かにフィボナッチ数列になり(その当時フィボナッチ数列と呼ばれていたわけではないでしょうね)、12月には377つがいということになります。

この数列は自然界のなかにも出てくるようです。有名なのは、ひまわりの種がつくる螺

旋の順序がフィボナッチ数列になっているとか、一つの枝に順番に葉がついていく、その つき方がフィボナッチ数列に従うとかです。

これについては『フィボナッチ数の小宇宙』(中村滋、日本評論社) に具体的な説明があるので参照して下さい。

ここでは、フィボナッチ数列の簡単な性質をいくつか調べておきます。

フィボナッチ数列の増え方

最初にフィボナッチ数列の増え方を調べるために、以前に等差数列や等比数列を調べたときのように、階差数列をつくってみましょう。

1, 1, 2, 3, 5, 8, 13, 21, 34, 55, 89, 144, 233, 377, 610, 987, …

ですから、階差をとると、

0, 1, 1, 2, 3, 5, 8, 13, 21, 34, 55, 89, …

もう一度階差をとると、

1, 0, 1, 1, 2, 3, 5, 8, 13, 21, …

です。もう一度階差をとると、

−1, 1, 0, 1, 1, 2, 3, 5, 8, 13, 21, …

少しフィボナッチ数列の増え方が見えてきました。どうやら、後のほうは同じフィボナッチ数列を繰り返すようですが、先頭に少しずつ新しい項が付け加わっていきます。その付け加わる項をもう少し観察してみましょう。後のほうでフィボナッチ数列を繰り返す部分は省略します。

2, −1, 0, 1, 1, 2, 3, 5, …
−3, 2, −1, 1, 0, 1, 1, 2, 3, …
5, −3, 2, −1, 1, 0, 1, 1, 2, 3, …

これで先頭に付け加わっていく項が分かります。それはフィボナッチ数列をいわば、「反対方向に伸ばした」数列です。もう少し詳しくいえば、1階差を取ると0, 1から始まるフィボナッチ数列、もう一度階差を取ると、1, 0から始まるフィボナッチ数列、次が−1, 1から始まるフィボナッチ数列という具合で、元のフィボナッチ数列の各項を交互にマイナスにして並べた数列になります。

分かったことをまとめておきましょう。

[定理]

フィボナッチ数列の第 n 階差数列は別の数から始まるフィボナッチ数列となる。

ではフィボナッチ数列の和はどうなるでしょう。

フィボナッチ数列の和（その1）

ちょっと実験してみましょう。
もう一度フィボナッチ数列を書きます。

この数列の第n項までの和を$n=1, 2, 3, \cdots$として順に書き出してみます。

1, 2, 4, 7, 12, 20, 33, 54, 88, 143, 232, 376, 609, 986, …

さて、じっと眺めていて何か気がつくことがあるでしょうか。前のほうだけだとちょっと分かりにくいかも知れませんが、後のほうを見ていくと、和の数値はフィボナッチ数より1小さいものが並んでいるようです。この観察は正しいのです。図28の定理が成り立ちます。

これでフィボナッチ数列の和が分かりました。フィボナッチ数列の第n項までの和を求めるには、続いて次の次の項までフィボナッチ数列を計算して、その値から1を引けばいいのです。

確かにこれで和を求めることはできるのですが、できれば、和の値をそのままnの式で表せるともっといいかも知れません。

次にそれを考えてみましょう。

定理

フィボナッチ数列 $\{a_n\}$ について、

$$a_1 + a_2 + a_3 + \cdots + a_n = a_{n+2} - 1$$

が成り立つ。

証明

もう一度フィボナッチ数列の定義を書いてみよう。

$$a_{n+2} = a_{n+1} + a_n \quad a_1 = a_2 = 1$$

この式を書きかえると、

$$a_n = a_{n+2} - a_{n+1}$$

となる。
これを $n = 1$ から順に書いてみると、

$$a_1 = a_3 - a_2$$
$$a_2 = a_4 - a_3$$
$$a_3 = a_5 - a_4$$
$$a_4 = a_6 - a_5$$
$$\vdots$$
$$a_n = a_{n+2} - a_{n+1}$$

となる。

これらの式を辺々加えると、右辺は順に打ち消し合って、

$$a_1 + a_2 + a_3 + \cdots + a_n = a_{n+2} - a_2$$

となり、$a_2 = 1$ だったので求める式を得る。

証明終

■図28

フィボナッチ数列の和（その2） ビネの公式

フィボナッチ数列の和を n の式で表すために、少しだけ寄り道をします。最初にフィボナッチ数列の第 n 項を n の式で表すことを考えましょう。しばらく、初項、第2項の条件 $a_1 = a_2 = 1$ を考えずに、$a_{n+2} = a_{n+1} + a_n$ という漸化式だけを考えます。数列の持つこの性質をフィボナッチの性質と呼ぶことにしましょう。

さて、フィボナッチの性質を持つ等差数列があるでしょうか？

そこで、$a_n = a + d(n-1)$ として、この式に代入してみます。

$$a + d(n+1) = a + dn + a + d(n-1)$$

ですから、整理すると、

つまり、この等差数列の第 $(n-2)$ 項は0になっています。

$$a + d(n-2) = 0$$

から、$n=2$ として $a=0$、したがって、$n=3$ として $d=0$ ということになり、数列は $0, 0, 0, 0, \ldots$ になります。結局、フィボナッチの性質を持つ等差数列は当たり前の数列 $0, 0, 0, 0, \ldots$ しかありません。

では、フィボナッチの性質を満たす等比数列はあるでしょうか？

今度も $a_n = ar^{n-1}$ として同じ式に代入してみましょう。

$$ar^{n+1} = ar^n + ar^{n-1}$$

です。ここで $a=r=0$ とすると等差数列と同じ当たり前の数列が出てきますから、a も r も 0 でないとしましょう。すると全体を ar^{n-1} で割ることができて、

$$r^2 = r + 1$$

という式が得られます。

面白いことが分かりました。等比数列がフィボナッチの性質を持っているとすれば、その公比 r は2次方程式、

$$r^2 - r - 1 = 0$$

を満たしているのです。
この方程式を解くと、

$$r = \frac{1 \pm \sqrt{5}}{2} = \frac{1}{2} \pm \frac{\sqrt{5}}{2}$$

となります。a には何の条件もありませんでしたから、結局、二つの等比数列、

$$a_n = a\left(\frac{1}{2} + \frac{\sqrt{5}}{2}\right)^{n-1} \quad \text{と} \quad a_n = a\left(\frac{1}{2} - \frac{\sqrt{5}}{2}\right)^{n-1}$$

はどちらもフィボナッチの性質を満たしています。
これらの数列の公比 r は $r^2 = r+1$, $r^3 = r^2 + r$, …を満たしているので、これらの等比数列は確かにフィボナッチの性質を持っているのです。

> **定理（重ね合わせの原理）**
>
> 数列 $\{a_n\}$ と $\{b_n\}$ がフィボナッチの性質を持つなら、C_1, C_2 を任意の定数として、数列 $C_1 a_n + C_2 b_n$ もフィボナッチの性質を持つ。
>
> **証明**
>
> 数列 $\{c_n\}$ を $c_n = C_1 a_n + C_2 b_n$ とする。この数列がフィボナッチの性質を持つことを示す。
>
> $$\begin{aligned} c_{n+1} + c_n &= (C_1 a_{n+1} + C_2 b_{n+1}) + (C_1 a_n + C_2 b_n) \\ &= C_1(a_{n+1} + a_n) + C_2(b_{n+1} + b_n) \\ &= C_1 a_{n+2} + C_2 b_{n+2} \\ &= c_{n+2} \end{aligned}$$
>
> となり、数列 $\{c_n\}$ はフィボナッチの性質を持つ。
>
> 証明終

■図29

では、これらの等比数列が実際のフィボナッチ数列 1, 1, 2, 3, 5, 8, 13, … になるのでしょうか。ちょっと試してみましょう。

$$a_n = a\left(\frac{1}{2} + \frac{\sqrt{5}}{2}\right)^{n-1}$$

で、$n = 1$ とすると $a_1 = 1$ となるのですから、$a = 1$ となります。

したがって数列は、

$$a_n = \left(\frac{1}{2} + \frac{\sqrt{5}}{2}\right)^{n-1}$$

となるのですが、残念なが

ら $n=2$ のとき $a_2=1$ とはならないようです。
同じように数列、

$$a_n = a\left(\frac{1}{2} - \frac{\sqrt{5}}{2}\right)^{n-1}$$

もこのままでは本来のフィボナッチ数列にはなりません。
ところが、いまの場合、図29のような「重ね合わせの原理」が成り立つのです。
こうしてフィボナッチの性質には重ね合わせの原理が適用できることが分かりました。
したがって、先ほどの結果と合わせると、数列、

$$a_n = C_1\left(\frac{1}{2} + \frac{\sqrt{5}}{2}\right)^{n-1} + C_2\left(\frac{1}{2} - \frac{\sqrt{5}}{2}\right)^{n-1}$$

が C_1、C_2 を任意の定数としてフィボナッチの性質を持つことになります。これがフィボナッチ数列になるように定数 C_1、C_2 の値を定めましょう。
条件より $a_1=a_2=1$ でしたから、$n=1$、$n=2$ より、

$$\begin{cases} c_1 + c_2 = 1 \\ \left(\dfrac{1}{2} + \dfrac{\sqrt{5}}{2}\right)c_1 + \left(\dfrac{1}{2} - \dfrac{\sqrt{5}}{2}\right)c_2 = 1 \end{cases}$$

という連立方程式が得られます。この連立方程式を解くと、

$$c_1 = \dfrac{1}{\sqrt{5}}\left(\dfrac{1}{2} + \dfrac{\sqrt{5}}{2}\right)$$

$$c_2 = -\dfrac{1}{\sqrt{5}}\left(\dfrac{1}{2} - \dfrac{\sqrt{5}}{2}\right)$$

が得られ、フィボナッチ数列の一般項を表す公式が得られます。

フィボナッチ数列の一般項（ビネの公式）

$$a_n = \dfrac{1}{\sqrt{5}}\left(\left(\dfrac{1}{2} + \dfrac{\sqrt{5}}{2}\right)^n - \left(\dfrac{1}{2} - \dfrac{\sqrt{5}}{2}\right)^n\right)$$

これはなかなかきれいな公式ですが、少し不思議な公式です。それは、フィボナッチ数列はすべて整数からなる数列なのに、その一般項を表す公式の中に無理数 $\sqrt{5}$ が入っているということです。これは共役という考え方でその理由が分かります。

一般に共役とは複素数についていわれることが多く、複素数 $z = a + bi$ に対して複素数 $a - bi$ を z の共役複素数といい $\overline{z}$ と書くのですが、共役という概念は次のような無理数に対しても有効です。a、b を有理数（整数）とするとき、$\alpha = a + b\sqrt{c}$ に対して、$a - b\sqrt{c}$ を α の共役といい、$\overline{\alpha}$ と書きます。複素数の共役と同じように、この場合の共役も $\alpha + \overline{\alpha}$、$\alpha \times \overline{\alpha}$ がどれも有理数（整数）になるという性質を持っています。また、引き算についても $\overline{\alpha - \alpha} = \sqrt{c}$ の有理数倍（整数倍）になります。さらに、共役については $\overline{\alpha \times \beta} = \overline{\alpha} \times \overline{\beta}$ が成り立ちます。なお、複素数の共役については、後で差分方程式のところでも活躍します。

共役という考え方を使うと、ビネの公式が整数となることが、計算をしないでも分かります。いま、

$$\alpha = \frac{1}{2} + \frac{\sqrt{5}}{2},\ \overline{\alpha} = \frac{1}{2} - \frac{\sqrt{5}}{2}$$

とすれば、ビネの公式は、

$$a_n = \frac{1}{\sqrt{5}}(\alpha^n - \overline{\alpha}^n)$$

となりますが、$\alpha^n - \overline{\alpha}^n = \alpha^n - \overline{(\alpha^n)}$ですから、この値は $\sqrt{5}$ の整数倍となり、全体でビネの公式は整数を与えているのです。

これで、前に求めておいたフィボナッチ数列の和の公式が n の式で表されます。

[フィボナッチ数列の和の公式]

$\{a_n\}$ をフィボナッチ数列とすれば、

$$a_1 + a_2 + a_3 + \cdots + a_n = \frac{1}{\sqrt{5}}\left(\left(\frac{1}{2}+\frac{\sqrt{5}}{2}\right)^{n+2} - \left(\frac{1}{2}-\frac{\sqrt{5}}{2}\right)^{n+2}\right) - 1$$

である。

フィボナッチ数列と黄金比

フィボナッチ数列の一般項を与えるビネの公式の中に出てきた無理数、

は有名な無理数で、普通は黄金比といわれる数です。

$$\frac{1+\sqrt{5}}{2}$$

黄金比は記号 φ（ファイ）（あるいは τ（タウ））で表します。黄金比には次のような幾何学的な意味があります。

問題

長方形から、短辺を1辺とする正方形を切り取ったとき、残りの長方形が元の長方形と相似になった。この長方形の2辺の比を求めよ。

図30のように長方形の短辺を1、長辺を x とすれば、問いの条件は、

$$\frac{1}{x} = \frac{x-1}{1}$$

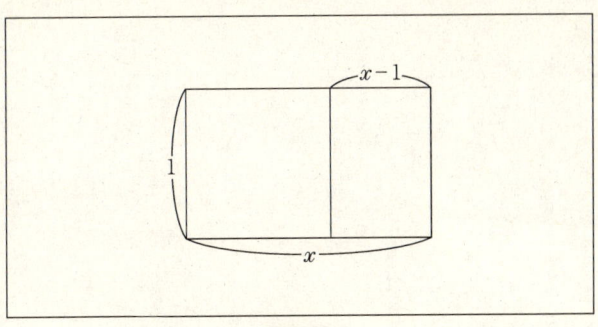

■図30

ています。

ここで、黄金比を表すちょっと面白い式を紹介しておきましょう。

方程式 $x^2-x-1=0$ の正の解です。この式を書き直すと $x^2=1+x$ ですから、両辺の平方根をとって（正数 φ だけを考える）、

$$\varphi = \sqrt{1+\varphi}$$

となっています。

右辺の φ に左辺の φ、すなわち $\sqrt{1+\varphi}$ を代入すれば、

$$\varphi = \sqrt{1+\sqrt{1+\sqrt{1+\sqrt{1+\cdots}}}}$$

という黄金比の表示が得られます。

辺の比がこの値になっている長方形は黄金長方形と呼ばれていて、昔からもっとも均整のとれたきれいな長方形であるとされています。たとえば、パルテノンの神殿の縦横は黄金比になっているといわれていますし、他の有名な絵画や彫刻にもこの値が出てくるとい

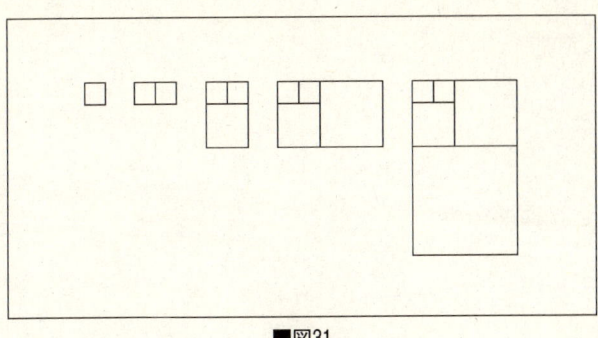

■図31

黄金比の逆数 $\frac{1}{\varphi}$ を計算すると、

$$\frac{1}{\varphi} = \frac{1}{\frac{1+\sqrt{5}}{2}} = \frac{-1+\sqrt{5}}{2}$$

でおおよそ0.618くらいになります。長さ1の線分を0.618と0.362に分割することを、線分を黄金分割するともいいます。

ビネの公式を見ても分かるように、この黄金比はフィボナッチ数列と深い関係があるのです。

正方形を図31のように順番に積み重ねてみましょう。こうして最小の正方形の1辺を1とすると出てくる長方形の辺の長さは順番に1, 2, 3, 5, 8, …とフィボナッチ数列になり、つくられていく長方形は次第に黄金長方形に近づいていきます。

実際に図32の定理が成り立ちます。

フィボナッチ数列の性質についてはそれだけで一冊

定理

フィボナッチ数列の隣り合う2項 a_n, a_{n+1} について、

$$\lim_{n \to \infty} \frac{a_{n+1}}{a_n} = \varphi$$

が成り立つ

証明

ビネの公式より $\alpha = \dfrac{1+\sqrt{5}}{2}$, $\beta = \dfrac{1-\sqrt{5}}{2}$ とおけば、

$$a_n = \frac{1}{\sqrt{5}}(\alpha^n - \beta^n)$$

だから、

$$\begin{aligned}\frac{a_{n+1}}{a_n} &= \frac{\alpha^{n+1} - \beta^{n+1}}{\alpha^n - \beta^n} \\ &= \frac{\alpha - \beta\left(\dfrac{\beta}{\alpha}\right)^n}{1 - \left(\dfrac{\beta}{\alpha}\right)^n}\end{aligned}$$

ここで、

$$\frac{\beta}{\alpha} = \frac{\dfrac{1}{2}(1-\sqrt{5})}{\dfrac{1}{2}(1+\sqrt{5})}$$

$$= \frac{1-\sqrt{5}}{1+\sqrt{5}}$$

$$= -\frac{6-2\sqrt{5}}{4}$$

$$= -\frac{3-\sqrt{5}}{2}$$

となり、この値は

$$\left| -\frac{3-\sqrt{5}}{2} \right| < 1$$

だから、$\lim_{n \to \infty} \left(\frac{\beta}{\alpha} \right)^n = 0$ となり

$$\lim_{n \to \infty} \frac{a_{n+1}}{a_n} = \lim_{n \to \infty} \frac{\alpha - \beta \left(\frac{\beta}{\alpha} \right)^n}{1 - \left(\frac{\beta}{\alpha} \right)^n}$$

$$= \alpha$$

である。

すなわち、フィボナッチ数列の隣り合う2項の比は黄金比に収束する。

証明終

■図32

の本になるほどのたくさんの性質があります。取り上げているときりがないので、最後に一つだけ、あるパズルに関係する性質を紹介して終わりにします。

フィボナッチ数列とパズル

前に等比数列 $\{a_n\}$ の性質を調べたとき、等比数列について、

$$a_{n+1}{}^2 = a_n \cdot a_{n+2}$$

という性質があることが分かりました。この場合にも上の関係式が成り立つでしょうか。

フィボナッチ数列 1, 1, 2, 3, 5, 8, 13, 21, …についてちょっと実験してみましょう。

最初の三つの項については $1^2 \neq 1 \times 2$ で成り立っていません。だめなようです。でも、あきらめずに少し先まで試してみると、

$2^2 \neq 1 \times 3$, $3^2 \neq 2 \times 5$, $5^2 \neq 3 \times 8$, $8^2 \neq 5 \times 13$, …

定理

フィボナッチ数列 $\{a_n\}$ について、

$$a_{n+1}{}^2 = a_n \cdot a_{n+2} + (-1)^n$$

が成立する。

証明

n についての数学的帰納法で証明する。

(1) $n = 1$ のときは、

$$1^2 = 1 \times 2 + (-1)^1$$

で成り立っている。

(2) n のときまで成り立っていると仮定する。すなわち、

$$a_{n+1}{}^2 = a_n \cdot a_{n+2} + (-1)^n$$

と仮定する。
$n+1$ のときは、

$$\begin{aligned}
a_{n+2}{}^2 &= a_{n+2}(a_n + a_{n+1}) \\
&= a_{n+2}a_n + a_{n+2}a_{n+1} \\
&= a_{n+1}{}^2 - (-1)^n + a_{n+2}a_{n+1} \\
&= a_{n+1}(a_{n+1} + a_{n+2}) - (-1)^n \\
&= a_{n+1}a_{n+3} + (-1)^{n+1}
\end{aligned}$$

となり $n+1$ のときも成立する。　　　　　　　　証明終

■図33

で、どの3項についても成り立ちません。成り立っていると、ちょっと面白いことに気がつきます。等比中項のような性質は確かに成り立ちはしないのだが、両辺の違いはいつでも1だ！　ということです。1違うといっても右辺が1大きいこととも左辺が1大きいこともあります。これは一般に成り立つのでしょうか。

じつはフィボナッチ数列については図33の定理が成り立つことが知られています。

これで、フィボナッチ数列については等比数列のとき成り立っていた式は成立しないが、それに少しだけ似た式が成り立つことが分かりました。

ところで、この式を使った面白いパズルがあるのです。

切って並べ替えると面積が増える?!

1辺が8の正方形を図34のように切ります。

それを図35の図のように並べ替えます。

すると2辺が5と13の長方形になることが分かりますが、正方形の面積は64、長方形の面積は65！　あれれ、切って並べ替えるだけで面積が1単位分だけ増えました！　切って並べ替えても面積が変わるはずはありません。どうしてこんなことが起きたのでしょうか。

この正方形と長方形の各辺の長さがフィボナッチ数列の項になっていることに注意して

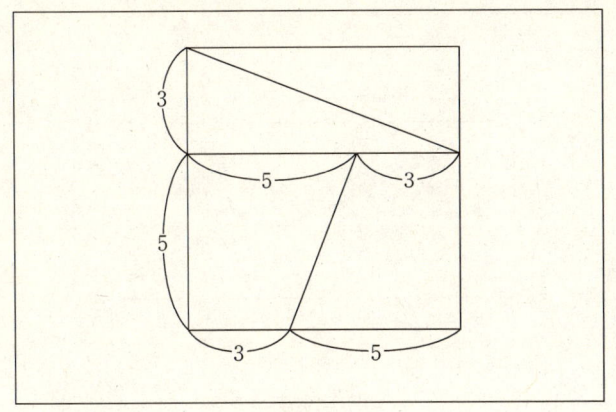

■図34

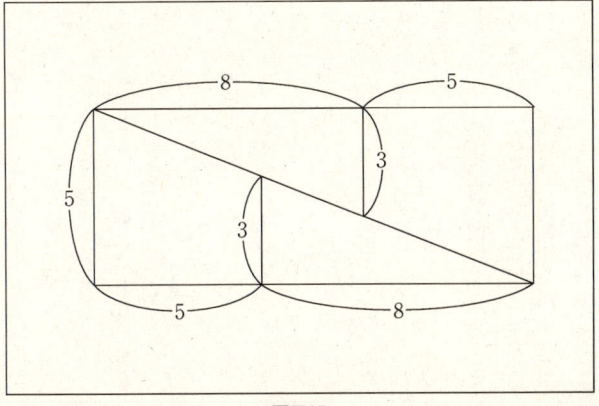

■図35

■図36

下さい。つまり、この不思議な現象は $8^2 = 5 \times 13 - 1$ に対応しているのです。

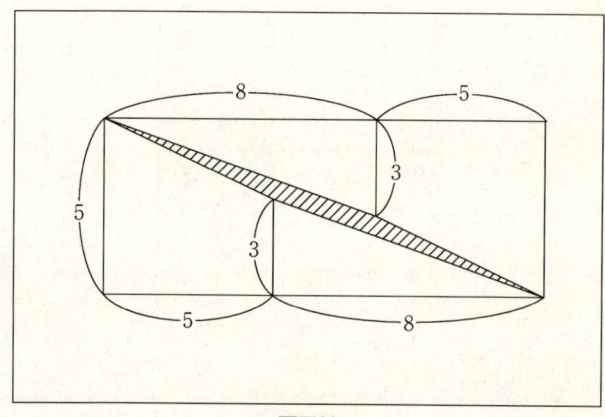

実際に図形を切って並べ替えただけで面積が1増えるなどということはあり得ません。

したがって増えたように見える1についてはどこかにトリックがあるはずです。よく、調べてみると三角形のパーツの斜辺の傾きは $\frac{3}{8}$、一方、台形のパーツの斜辺の傾きは $\frac{2}{5}$ で、これは $\frac{15}{40}$ と $\frac{16}{40}$ ですから、両方の傾きは $\frac{1}{40}$ だけ違っていて、一直線にならないのです。ですから、正方形を切って並べ替えた長方形は、少し大げさに描くと図36のようになります。

真ん中の平行四辺形の面積がちょうど1でこれが見かけ上増えたように見える部分です。実際にはとても細長い平行四辺形なので、ちょっと見るとよく分からないのです。この原

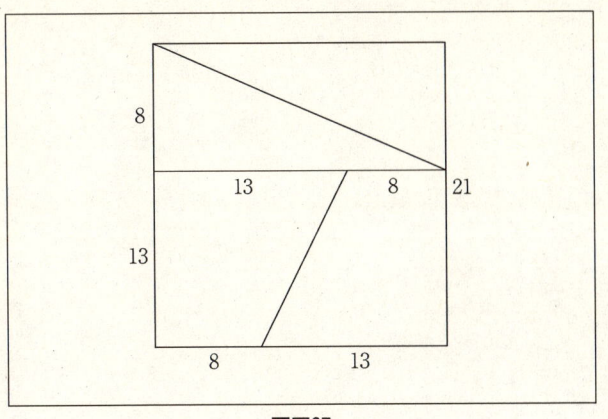

■図37

理が分かると、他のフィボナッチ数列の数でも同じようなトリックで面積の増減パズルをつくることができます。図形が重なってしまうのはトリックがばれやすいので、隙間ができるほうでつくると、1辺21の正方形を図37のように切って並べ替えて、2辺の長さが、13と34である偽長方形をつくることができます。今度は斜辺の傾きの違いが $\frac{1}{273}$ になるので、さっきのトリックよりさらに分かりにくくなっています。

もっとも、増える面積は相変わらず1だけなので、あまり増えた気がしないのが難点ですね。これをミステリに応用した拙著『バナッハ・タルスキの密室』（日本評論社）があります。

いままでフィボナッチ数列の性質をいろいろと調べてきました。フィボナッチ数列の一

般項を表すビネの公式は数学的にも面白く、きれいな形をしていましたが、あの公式を導くために使った技術はもう少し一般化され、差分方程式という考え方に発展しました。次の章でそれを調べてみます。

第5章 差分方程式と母関数

差分方程式

フィボナッチ数列の性質をいろいろと調べてきました。ここでもう一度、ビネの公式（この公式は実際はビネ以前に何人かの数学者に知られていたようです）の導き方を振り返ってみましょう。

フィボナッチ数列の漸化式は、

$$a_{n+2} = a_{n+1} + a_n$$

という形でした。これを少し一般化して、

$$aa_{n+2} + ba_{n+1} + ca_n = 0$$

という漸化式を考えます。この漸化式を2階の同次線形漸化式、あるいは2階の同次差分方程式といいます。この式を満たす数列を差分方程式の解といい、そのような数列を求めることを差分方程式を解くといいます。では、この差分方程式の解がどのような数列になるのかを考えてみたいと思います。

差分方程式を解く・特性方程式

フィボナッチ数列と同じように、ある等比数列 $a_n = kr^{n-1}$ がこの差分方程式を満たすと仮定したら、公比 r はどんな数にならなければいけないのかを調べます。

$$a_n = kr^{n-1}$$

を差分方程式に代入して、

$$a(kr^{n+1}) + b(kr^n) + c(kr^{n-1}) = 0$$

となりますが、つまらない場合を除いて、$k \neq 0$、$r \neq 0$ としてかまわないので、全体を k と r^{n-1} でわって、r についての2次方程式、

$$ar^2 + br + c = 0$$

が得られます。

[定義]

差分方程式 $aa_{n+2} + ba_{n+1} + ca_n = 0$ に対して2次方程式

$$at^2 + bt + c = 0$$

をこの差分方程式の特性方程式という。

なぜ特性方程式という名前なのかというと、この2次方程式の解の様子によって元の差分方程式の解が決まるからです。それを次に調べます。

(1) 特性方程式が二つの実数解を持つとき

特性方程式の二つの実数解を α, β とする。このとき、等比数列、

$$\alpha^{n-1},\ \beta^{n-1}$$

はこの差分方程式の解となります。確かめてみます。

177　差分方程式

$$a\alpha^{n+1} + b\alpha^n + c\alpha^{n-1} = \alpha^{n-1}(a\alpha^2 + b\alpha + c)$$
$$= 0$$

ですから、確かに数列 $\{\alpha^{n-1}\}$ はこの差分方程式の解となります。同じように、$\{\beta^{n-1}\}$ も差分方程式の解となります。

よって、前に説明した「重ね合わせの原理」により、

$$a_n = C_1 \alpha^{n-1} + C_2 \beta^{n-1}$$

が元の差分方程式の解になります。ここで、C_1, C_2 は任意の定数で、この値は数列の初期値 a_1, a_2 の値を決めると決まります。これが、フィボナッチ数列の一般項を求めたときの方法でした。

(2) 特性方程式が重解 α を持つとき

重解でも特性方程式の解には違いないので、等比数列 $\{a_n = C\alpha^{n-1}\}$ が元の差分方程式の解となることは間違いありません。しかし、今度の場合は等比数列が一つしか決まらないので、一般解が求まりません。どうすればいいか。

一般に C を定数として、$a_n = C\alpha^{n-1}$ が元の差分方程式を満たすことは前と同様です。これを手がかりにします。定数 C を適当な n の関数で置きかえて、この式が差分方程式の解となるようにできないだろうか？これはある意味、素直な考え方です。

そこでこの方針にしたがって、C を関数で置きかえるのですが、どんな関数が考えられるでしょうか。定数を0次関数と考えるなら、次は1次関数と考えるのが自然です。C を $Cn + D$ という1次関数（C、D は定数）で置きかえたとき、出てくる数列は、

$$a_n = (Cn + D)\alpha^{n-1} = Cn\alpha^{n-1} + D\alpha^{n-1}$$

となります。$D\alpha^{n-1}$ が差分方程式の解になっているかどうかです。そこで、$a_n = n\alpha^{n-1}$ とおいて、問題は最初の項 $n\alpha^{n-1}$ が解になっているかどうかに絞られます。ここで、α が特性方程式 $at^2 + bt + c = 0$ の重解だったことを押さえておきましょう。

さて、一元の差分方程式に代入すると、

$a(n+2)\alpha^{n+1} + b(n+1)\alpha^n + cn\alpha^{n-1}$
$= \alpha^{n-1}(a(n+2)\alpha^2 + b(n+1)\alpha + cn)$

となりますが、α が特性方程式の重解ですから、

$$= \alpha^{n-1}(n(a\alpha^2 + b\alpha + c) + \alpha(2a\alpha + b))$$

となります。2次方程式 $at^2 + bt + c = 0$ の重解が $t = -\dfrac{b}{2a}$ であることに注意しましょう。

したがって上の式は0となり、確かに数列 $a_n = n\alpha^{n-1}$ は元の差分方程式の解となります。再び重ね合わせの原理によって、これで特性方程式が重解 α を持つ場合が解けました。

$$a_n = C_1 \alpha^{n-1} + C_2 n \alpha^{n-1}$$

が一般解となります（C_1, C_2 は任意定数）。

(3) **特性方程式が複素数解 $\alpha \pm \beta i$ を持つとき**

このとき、複素数の使用に障害がないのなら、(1)と同様に、

$$a_n = C_1(\alpha + \beta i)^{n-1} + C_2(\alpha - \beta i)^{n-1}$$

が元の差分方程式の一般解になるはずです。しかし、いままで扱ってきた実数の世界に、突然虚数単位 i が入り込んでいることに少し違和感がある人がいるかも知れません。そこで、この i を何とか消してしまうこと（要するに任意定数の中に取り込んでしまおうということです）を考えてみましょう。何か良い工夫があるでしょうか。

右辺の式を見ているうちに、高等学校で複素数を学んだ人の中には「あっ、あの定理だ！」と気がついた人がいるかも知れません。

複素数についての注意とド・モアブルの定理

すべての実数は2乗すると正または0になります。そこで、2乗すると -1 となる新しい数を考えて、それを虚数単位 i で表しました。したがって $i^2 = -1$ です。

この新しい数 i を用いて、二つの実数 a、b を使ってつくられる数、

$$z = a + bi$$

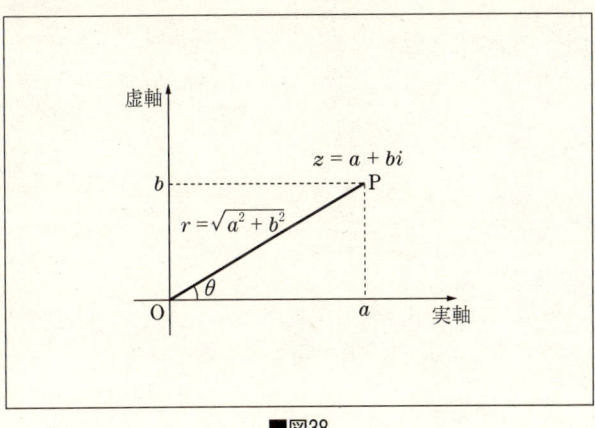

図中: 虚軸, $z = a + bi$, $r = \sqrt{a^2 + b^2}$, θ, 実軸, P, a, b, O

■図38

を複素数といいました。実数がものの個数や量、あるいは大きさなどを表す数なのに対して、複素数は平行移動や回転など、操作そのものを表す数とも考えられます。

この複素数を表示するのに次のような二つの方法があります。一つは複素数 $z = a + bi$ を座標平面上の点 $\mathrm{P}(a, b)$ として表すもの、もう一つは点 $\mathrm{P}(a, b)$ の原点からの距離 r と、線分 OP の x 軸からの角度 θ を使って、r, θ で複素数を $z = r(\cos\theta + i\sin\theta)$ と表すものです。

最初の表し方を複素数の直交形式表示と呼び、それに対して、2番目の表示を複素数の極形式表示といいます。このとき、r を複素数の絶対値、θ を複素数の偏角といいます。

この二つの表示の間には図38のような関係があります。

ド・モアブルの定理

絶対値が 1 の複素数を $z = \cos\theta + i\sin\theta$ とするとき、

$$z^n = \cos n\theta + i\sin n\theta$$

となる。

証明

正式には三角関数の加法定理を使い、帰納法で証明するが、次の計算で成り立つことは明らかである。

$$\begin{aligned}
z^2 &= (\cos\theta + i\sin\theta)(\cos\theta + i\sin\theta) \\
&= (\cos^2\theta - \sin^2\theta) + i(\sin\theta\cos\theta + \cos\theta\sin\theta) \\
&= \cos 2\theta + i\sin 2\theta
\end{aligned}$$

$$\begin{aligned}
z^3 &= (\cos 2\theta + i\sin 2\theta)(\cos\theta + i\sin\theta) \\
&= (\cos 2\theta\cos\theta - \sin 2\theta\sin\theta) + i(\sin 2\theta\cos\theta + \cos 2\theta\sin\theta) \\
&= \cos 3\theta + i\sin 3\theta
\end{aligned}$$

以下同様に続く。

証明終

■図39

183　差分方程式

$$r = \sqrt{a^2+b^2},\ a = r\cos\theta,\ b = r\sin\theta$$

この複素数の極形式表示を使うと図39のド・モアブルの定理が分かります。

さて、以上の準備の元で、もう一度、差分方程式の特性方程式が複素数解を持つ場合を考えましょう。

(4) 特性方程式が複素数解を持つとき (その2)

特性方程式の二つの虚数解を極形式で表したものを、

$$z_1 = r_1(\cos\theta_1 + i\sin\theta_1),\ z_2 = r_2(\cos\theta_2 + i\sin\theta_2)$$

とします。前に調べたように、この場合 $C_1 z_1^{n-1}$, $C_2 z_2^{n-1}$ が差分方程式の解になりますから、

$$a_n = C_1 z_1^{n-1} + C_2 z_2^{n-1}$$

が一般解です。

ここで、ド・モアブルの定理を使うと、

$$z_1^{n-1} = (r_1(\cos\theta_1 + i\sin\theta_1))^{n-1}$$
$$= r_1^{n-1}(\cos(n-1)\theta_1 + i\sin(n-1)\theta_1)$$
$$z_2^{n-1} = (r_2(\cos\theta_2 + i\sin\theta_2))^{n-1}$$
$$= r_2^{n-1}(\cos(n-1)\theta_2 + i\sin(n-1)\theta_2)$$

ですから、これらを a_n の式に代入して、

$$a_n = C_1 r_1^{n-1}(\cos(n-1)\theta_1 + i\sin(n-1)\theta_1)$$
$$+ C_2 r_2^{n-1}(\cos(n-1)\theta_2 + i\sin(n-1)\theta_2)$$

という数列 $\{a_n\}$ の一般項が得られます。

ところで、この式はもう少し簡単な式になるのですが、何か見落としていることはないでしょうか。

特性方程式 $at^2 + bt + c = 0$ の二つの複素数解が z_1、z_2 でしたが、実数係数の2次方程式の複素数解については、とても大切な性質があります。それは複素数 z が2次方程

差分方程式

解ならば、その共役複素数$\bar{z}$も同じ方程式の解となるということです。具体的には$a+bi$が解ならば$a-bi$も解になります。

したがって、特性方程式の二つの解z_1、z_2には、

$$z_2 = \bar{z_1}$$

という関係があるのです。これを極形式で考えると、共役複素数は実軸について対称な位置にあるので、

$$\begin{cases} r_2 = r_1 (=r) \\ \theta_2 = -\theta_1 (=\theta) \end{cases}$$

が成り立っています。

ですから、これらの式をa_nの式に代入して整理すれば、図40となります。

最後に、C_1、C_2は任意の定数でiも定数ですから、C_1+C_2、$i(C_1-C_2)$を改めて、C_1、C_2と書き直すと、求める数列の一般解として、

$$
\begin{aligned}
a_n &= C_1 r^{n-1}(\cos(n-1)\theta + i\sin(n-1)\theta) \\
&\quad + C_2 r^{n-1}(\cos(-(n-1)\theta) + i\sin(-(n-1)\theta)) \\
&= C_1 r^{n-1}(\cos(n-1)\theta + i\sin(n-1)\theta) \\
&\quad + C_2 r^{n-1}(\cos(n-1)\theta - i\sin(n-1)\theta) \\
&= r^{n-1}((C_1+C_2)\cos(n-1)\theta + i(C_1-C_2)\sin(n-1)\theta)
\end{aligned}
$$

■図40

$$a_n = r^{n-1}(C_1'\cos(n-1)\theta + C_2'\sin(n-1)\theta)$$

が得られます。

これで確かに2乗すると -1 となる定数 i を任意定数の中に取り込むことができました。

解の中に三角関数が出てくるのが少し不思議な感じがしますが、実際の数列でこのあたりの様子を観察してみましょう。

例 差分方程式 $a_{n+2} - 2a_{n+1} + 2a_n = 0$ を満たして、最初の項が $a_1 = 1$, $a_2 = 2$ である数列を求めよ。

解 少し実験してみましょう。a_1 から順に数列の項を求めてみます。

1, 2, 2, 0, -4, -8, -8, 0, 16, 32, 32, 0, $\ldots$

差分方程式

何となくある種の周期性が見えてくるでしょうか？ では、前に導いた解の公式がこの周期性を表現しているかどうか試してみましょう。特性方程式は $t^2 - 2t + 2 = 0$ ですから、その解は、

$$t = 1 \pm \sqrt{-1} = 1 \pm i$$

です。確かに二つの共役複素数になっています。そこで、この複素数を極形式で表すと、

$$t = \sqrt{2}\left(\cos\frac{\pi}{4} \pm i \sin\frac{\pi}{4}\right)$$

です。
したがって差分方程式の一般解は、

$$a_n = (\sqrt{2})^{n-1}\left(C_1 \cos\frac{(n-1)\pi}{4} + C_2 \sin\frac{(n-1)\pi}{4}\right)$$

となります。

C_1, C_2 を決めるために初期条件 $a_1 = 1$, $a_2 = 2$ を使うと、

連立方程式、

$$\begin{cases} C_1 = 1 \\ \sqrt{2}\left(\dfrac{1}{\sqrt{2}}C_1 + \dfrac{1}{\sqrt{2}}C_2\right) = 2 \end{cases}$$

が得られ、これを解いて、$C_1 = C_2 = 1$ となります。無事に一般解

$$a_n = (\sqrt{2})^{n-1}\left(\cos\dfrac{(n-1)\pi}{4} + \sin\dfrac{(n-1)\pi}{4}\right)$$

が求まりました。この式に順に $n = 1,\ 2,\ 3,\ 4,\ 5,\ 6,\ \cdots$ を代入して各項を求めると、

1, 2, 2, 0, -4, -8, $\cdots$

となり、確かに前に求めておいた数列の項と一致することが分かります。ここで使われた差分方程式は、微分積分学における微分方程式に対応しているもので、いわば「離散的

な対象である数列についての微分方程式」とでもいうべきものです。もう少し例を挙げておきましょう。

例 差分方程式 $a_{n+2} - 6a_{n+1} + 9a_n = 0$ を満たして、最初の項が $a_1 = 1$, $a_2 = 1$ である数列を求めよ。

解 特性方程式は $t^2 - 6t + 9 = 0$ で重解 $t = 3$ を持ちますから、公式により、

$$a_n = C_1 3^{n-1} + C_2 n 3^{n-1}$$

がこの数列の一般項です。初期条件より、

$$\begin{cases} C_1 + C_2 = 1 \\ 3C_1 + 6C_2 = 1 \end{cases}$$

という連立方程式が得られ、これを解いて、$c_1 = \dfrac{5}{3}$, $c_2 = -\dfrac{2}{3}$ですから、一般項は、

$$a_n = 5 \cdot 3^{n-2} - 2n \cdot 3^{n-2}$$

となります。
実際に計算してみると、この数列は、

1, 1, −3, −27, −144, …

となります。式を変形すれば、この数列は$a_n = (5-2n)3^{n-2}$ですから、公差−2の等差数列と公比3の等比数列の積になっていて、確かに急激に小さくなっていくことが分かります。

超フィボナッチ数列

これまでの話は容易に拡張できます。一般に数列$\{a_n\}$に対して、

差分方程式

$$aa_{n+k} + ba_{n+k-1} + \cdots + ca_n = 0$$

という漸化式を k 階の同次線形差分方程式といいます。この差分方程式を満たす数列は、初期条件 $a_1 = s_1, a_2 = s_2, \ldots, a_k = s_k$ を与えたとき、特性方程式、

$$at^k + bt^{k-1} + \cdots + c = 0$$

がどのような解を持つかで決定されます。ここでは具体的な例でお話しします。

フィボナッチ数列をそのまま拡張するなら、

$$\begin{cases} a_1 = a_2 = a_3 = 1 \\ a_{n+3} = a_{n+2} + a_{n+1} + a_n \end{cases}$$

できまる数列、

1, 1, 1, 3, 5, 9, 17, …

が超フィボナッチ数列になりそうです。この差分方程式の特性方程式は、

$$t^3 - t^2 - t - 1 = 0$$

という3次方程式です。この方程式の解が求まれば、この超フィボナッチ数列を具体的に求めることができます。しかし残念ながらこの3次方程式は簡単には解くことができません（数式処理ソフトを使えば、一つの実数解と二つの複素数解を求めることができますが、あまり簡単な数値にはなりません）。

ここでは、こんな例題を考えましょう。

例
$$\begin{cases} a_1 = a_2 = 1, \ a_3 = 2 \\ a_{n+3} = 2a_{n+2} + a_{n+1} - 2a_n \end{cases}$$

で決まる数列、

1, 1, 2, 3, 6, 11, 22, …

の一般項を求めよ。

解 特性方程式は、

$$t^3 - 2t^2 - t + 2 = 0$$

ですから、因数分解して $(t^2-1)(t-2) = 0$ となり、特性方程式の解は、$t = \pm 1, 2$ です。

したがって、この差分方程式を満たす等比数列は、

$$c_1 1^{n-1}, \ c_2(-1)^{n-1}, \ c_3 2^{n-1}$$

の三つですが、もちろん最初の等比数列は定数の数列（公比が1の等比数列）です。

初期条件より、

という連立方程式が得られ、これを解けば、

$$\begin{cases} C_1 + C_2 + C_3 = 1 \\ C_1 - C_2 + 2C_3 = 1 \\ C_1 + C_2 + 4C_3 = 2 \end{cases}$$

$$C_1 = \frac{1}{2}, \quad C_2 = \frac{1}{6}, \quad C_3 = \frac{1}{3}$$

となりますから、求める数列の一般項は整理した形で書くと、

$$a_n = \frac{1}{6}(3 - (-1)^n + 2^n)$$

となります。

実際に $n = 1, 2, 3, \ldots$ を代入して、確かに元の数列が得られていることを確かめて下さい。

数列と母関数

数列 $\{a_n\}$ に対して、a_n を係数に持つ無限級数、

$$f(x) = a_1 + a_2 x + a_3 x^2 + \cdots + a_n x^{n-1} + \cdots$$

をこの数列の母関数といいます。
この場合、数列の項を a_0 から始めると、

$$f(x) = a_0 + a_1 x + a_2 x^2 + a_3 x^3 + \cdots$$

となり係数の番号と x の累乗の指数がそろっていてきれいです。こう書いてある本が多いのですが、本書では a_1 から始めることにします。

例1

自然数列の母関数は $f(x) = 1 + 2x + 3x^2 + 4x^3 + \cdots$ となります。

第5章 差分方程式と母関数　196

例2
フィボナッチ数列の母関数は $f(x) = 1 + x + 2x^2 + 3x^3 + 5x^4 + 8x^5 + \cdots$ となります。

例3
$f(x) = 1 + x + x^2 + x^3 + x^4 + \cdots$ は数列 $\{1, 1, 1, 1, 1\cdots\}$ の母関数です。
普通はこのような級数を考えるときは、右辺が収束するかどうかが大変なのですが、数列の母関数としての級数を考えるときは、収束するかどうかを考えずに形式的な x の式、つまり無限次元の多項式と考えます。
有限数列の場合は母関数も本当の多項式になるので、収束のことを考えずにすみます。

例4
組み合わせの数 ${}_nC_r (r = 0, 1, \cdots, n)$ がつくる数列の母関数、

$${}_nC_0 + {}_nC_1 x + {}_nC_2 x^2 + {}_nC_3 x^3 + \cdots + {}_nC_n x^n = (1 + x)^n$$

これは高校で学ぶ2項定理にほかなりません。
母関数は数列の項を求めようとするとき大変に役立つ式なのですが、本書では一般論に

踏み込まず、フィボナッチ数列の一般項（ビネの公式）を母関数を使った方法で求めてみましょう。

そのために、フィボナッチ数列の母関数（無限次元の多項式！）を「…」を使わない閉じた関数として表すことを考えます。

手がかりとして、数列 $\{1, 1, 1, \ldots\}$ の母関数、

$$1 + x + x^2 + x^3 + x^4 + x^5 + \cdots$$

を考察してみましょう。いま、

$$(1-x)(1 + x + x^2 + x^3 + x^4 + x^5 + \cdots)$$

を形式的に展開すると（無限個の項を展開するのですが、あまり考えすぎに最初から順番に計算していきましょう）、

$$1 - x + x - x^2 + x^2 - x^3 + x^3 - \cdots + (1-1)x^n + \cdots = 1$$

ですから、

$$(1-x)(1+x+x^2+x^3+x^4+x^5+\cdots)=1$$

つまり、

$$1+x+x^2+x^3+x^4+x^5+\cdots=\frac{1}{1-x}$$

となります。よく見ると、これは初項が1で、公比がxの無限等比級数の和の形式的な計算にほかなりません。無限等比級数の場合は$|x|<1$という条件を考えたのですが、ここではそのことは脇においています。これが「形式的に級数を考える」ということです。同じような計算をフィボナッチ数列に対して実行してみようというのがアイデアです。この計算を少し分析してみましょう。なぜ$1-x$をかけたら項が順番に消えていくのでしょうか？ それは、もとの数列が、

$$a_{n+1}=a_n$$

という漸化式（あまりに簡単ですが、これも確かに漸化式です）で表されるからです。この漸化式は、$a_{n+1} - a_n = 0$ と変形できますから、$a_n x^{n-1}$ に x をかけてきて、$a_n = a_{n-1}$ なのでもともとの x^n の項の係数と打ち消しあっていくことが見えてきます（これは等比数列の和を計算したときの「1項ずらし」の技術と同じことです）。

実際、もとの母関数が、

$$a_1 + a_2 x + a_3 x^2 + a_4 x^3 + a_5 x^4 + \cdots$$

の場合、この式に $(1-x)$ をかけると、

$$(1-x)(a_1 + a_2 x + a_3 x^2 + a_4 x^3 + a_5 x^4 + \cdots)$$
$$= a_1 + (a_2 - a_1)x + (a_3 - a_2)x^2 + (a_4 - a_3)x^3 + \cdots$$

となっています。

ということはフィボナッチ数列の場合も漸化式が問題になるのではないでしょうか。

フィボナッチ数列の漸化式は、

$$a_{n+2} = a_{n+1} + a_n$$

でした。

ですから、x^{n+1} の項に x をかけ、x^n の項に x^2 をかけて x^{n+2} の項にして x^{n+2} から引けば、係数同士が打ち消しあい、x の累乗の係数が消えるはずです。つまり、フィボナッチ数列の母関数に、

$$1 - x - x^2$$

をかけて展開するとうまくいきそうです。

では実行してみましょう。

$$(1-x-x^2)(1+x+2x^2+3x^3+5x^4+8x^5+\cdots)$$
$$= 1-x-x^2+x-x^2-x^3+2x^2-2x^3-2x^4+3x^3-3x^4-3x^5+\cdots$$
$$= 1+(1-1)x+(2-1-1)x^2+(3-2-1)x^3+(5-3-2)x^4+(8-5-3)x^5+\cdots$$
$$= 1$$

うまくいきました！　計画通り、xの累乗の係数はすべて打ち消しあって、1だけが残り、

$$(1-x-x^2)(1+x+2x^2+3x^3+5x^4+8x^5+\cdots)=1$$

となることが分かりました。

したがってフィボナッチ数列の母関数$F(x)$について、

$$F(x)=1+x+2x^2+3x^3+5x^4+8x^5+\cdots=\frac{1}{1-x-x^2}$$

となるのです。右辺の分数関数（これがフィボナッチ数列の母関数の正体です）をうまく処理することで、フィボナッチ数列の一般項を求めることができます。少し計算してみましょう。

分母の2次方程式$1-x-x^2=0$は昇べきの順に並んでいます。こんなときに使える方法があります。$x\neq 0$であることを確認した上で、x^2でわるのです。すると、方程式は、

$$\left(\frac{1}{x}\right)^2 - \left(\frac{1}{x}\right) - 1 = 0$$

となります。$\frac{1}{x}$ を新しい未知数と考えたときのこの方程式の解を α, β とします。具体的には、

$$\alpha = \frac{1+\sqrt{5}}{2}, \quad \beta = \frac{1-\sqrt{5}}{2}$$

です。
このとき方程式は、

$$\left(\frac{1}{x}\right)^2 - \left(\frac{1}{x}\right) - 1 = \left(\frac{1}{x} - \alpha\right)\left(\frac{1}{x} - \beta\right)$$

と因数分解されます。
両辺に x^2 をかければ、$1 - x - x^2 = (1 - \alpha x)(1 - \beta x)$ ですから、フィボナッチ数列の母関数 $F(x)$ は、

$$\frac{1}{1-x-x^2} = \frac{1}{(1-\alpha x)(1-\beta x)}$$

となります。

さて、この右辺をどう処理すればいいでしょう。

高等学校で学ぶ式変形の技術の一つに分数式の「部分分数分解」があります。これは分数関数を積分するときにもでてくる大切な技術の一つですが、それを使いましょう。

いま右辺の分数式が A, B を定数として、

$$\frac{1}{(1-\alpha x)(1-\beta x)} = \frac{A}{1-\alpha x} + \frac{B}{1-\beta x}$$

となったとします。全体に $(1-\alpha x)(1-\beta x)$ をかけて分母を払うと、

$$1 = A(1-\beta x) + B(1-\alpha x)$$

となりますが、これは恒等式なので、$x = \frac{1}{\alpha}$ を代入すれば、$1 = A\left(1 - \frac{\beta}{\alpha}\right)$ となり、こ
れより、

$$A = \frac{\alpha}{\alpha - \beta}$$

となります。同様に $x = \frac{1}{\beta}$ を代入して、

$$B = \frac{\beta}{\beta - \alpha}$$

です。$\alpha - \beta = \sqrt{5}$ なので、

$$A = \frac{\alpha}{\sqrt{5}}, \quad B = -\frac{\beta}{\sqrt{5}}$$

となります。

ここまでの段階で母関数を整理すると、

$$F(x) = \frac{\alpha}{\sqrt{5}} \frac{1}{1 - \alpha x} - \frac{\beta}{\sqrt{5}} \frac{1}{1 - \beta x}$$

です。

数列と母関数

ところで、関数 $\dfrac{1}{1-\alpha x}$ は前に見た通り、初項が1で公比が αx の等比数列の母関数にほかなりません。

したがって、フィボナッチ数列の母関数 $F(x)$ について、

$$F(x) = \dfrac{\alpha}{\sqrt{5}}(1+\alpha x+\alpha^2 x^2+\alpha^3 x^3+\cdots) - \dfrac{\beta}{\sqrt{5}}(1+\beta x+\beta^2 x^2+\beta^3 x^3+\cdots)$$

が成り立ちます。したがって、x^{n-1} の係数、すなわち、フィボナッチ数列の第 n 項 a_n は、

$$\begin{aligned}a_n &= \dfrac{\alpha}{\sqrt{5}}\alpha^{n-1} - \dfrac{\beta}{\sqrt{5}}\beta^{n-1} \\ &= \dfrac{1}{\sqrt{5}}(\alpha^n - \beta^n)\end{aligned}$$

となり、α、β の値を代入すれば、ふたたびビネの公式、

$$a_n = \dfrac{1}{\sqrt{5}}\left(\left(\dfrac{1}{2}+\dfrac{\sqrt{5}}{2}\right)^n - \left(\dfrac{1}{2}-\dfrac{\sqrt{5}}{2}\right)^n\right)$$

が得られました。

このように差分方程式と母関数は数列を取り扱う上でとても大切な技法なのです。

次にもう少し技巧的な母関数の使い方を一つ紹介しましょう。

2乗の和の公式再訪問

すでに2乗の和の計算で、

$$1 + 2^2 + 3^2 + 4^2 + \cdots + n^2 = \frac{1}{6}n(n+1)(2n+1)$$

という公式を紹介しましたが、同じ公式を母関数を使って求めてみます。数列 $\{a_n\}$ の母関数を、最初に少し一般論です。

$$f(x) = a_1 + a_2 x + a_3 x^2 + a_4 x^3 + \cdots$$

とするとき、この式に関数、

$g(x) = 1 + x + x^2 + x^3 + x^4 + \cdots$

をかけるとどうなるでしょうか。無限項の式の展開計算なので、ちょっとギョッとするかも知れませんが、ともかくも形式的にかけ算を実行します。

$$f(x)g(x) = (a_1 + a_2 x + a_3 x^2 + a_4 x^3 + \cdots)(1 + x + x^2 + x^3 + x^4 + \cdots)$$
$$= a_1 + (a_1 + a_2)x + (a_1 + a_2 + a_3)x^2 + (a_1 + a_2 + a_3 + a_4)x^3 + \cdots$$

なるほど、仕掛けが分かりました。前の方から順に展開していけば、x^{n-1} の係数は、

$a_1 + a_2 + a_3 + \cdots + a_n$

となり、数列の第 n 項までの和が出てきます。ところで、

$g(x) = 1 + x + x^2 + x^3 + x^4 + \cdots = \dfrac{1}{1-x}$

でしたから、

関数 $\dfrac{f(x)}{1-x}$ は数列、

$a_1,\ a_1+a_2,\ a_1+a_2+a_3,\ a_1+a_2+a_3+a_4,\ \ldots$

の母関数となることが分かります。つまり、数列の母関数に関数 $\dfrac{1}{1-x}$ をかけた関数を無限級数で表したとき、x^{n-1} の係数が元の数列の第 n 項までの和を与えているのです。

この意味で $\dfrac{1}{1-x}$ を和分作用素ということがあります。

さて、数列 $\{1,\ 2^2,\ 3^2,\ 4^2,\ \ldots,\ n^2,\ \ldots\}$ の母関数を、

$f(x) = 1 + 2^2 x + 3^2 x^2 + 4^2 x^3 + 5^2 x^4 + \cdots + n^2 x^{n-1} + \cdots$

としましょう。母関数 $f(x)$ を一つの閉じた関数の形で表したいのです。

関数 $h(x) = x + 2^2 x^2 + 3^2 x^3 + 4^2 x^4 + 5^2 x^5 + \cdots$ を形式的に微分すると、

$h'(x) = 1 + 2^2 x + 3^2 x^2 + 4^2 x^3 + \cdots = f(x)$

となります。

ここで、

$$h(x) = x(1 + 2x + 3x^2 + 4x^3 + 5x^4 + \cdots)$$

ですが、

$$(1 + x + x^2 + x^3 + x^4 + x^5 + \cdots)' = 1 + 2x + 3x^2 + 4x^3 + 5x^4 + \cdots$$

ですから、

$$1 + 2x + 3x^2 + 4x^3 + 5x^4 + \cdots = \left(\frac{1}{1-x}\right)' = \frac{1}{(1-x)^2}$$

です。

したがって $h(x) = \dfrac{x}{(1-x)^2}$ となり、

$$f(x) = (h(x))'$$
$$= \left(\frac{x}{(1-x)^2}\right)'$$
$$= \frac{1+x}{(1-x)^3}$$

となって、無事に数列 $\{1, 2^2, 3^2, 4^2, \cdots, n^2 \cdots\}$ の母関数 $f(x)$ が、

$$f(x) = \frac{1+x}{(1-x)^3}$$

と求まりました。

したがって、2乗の数列の和は前に調べておいたことから、これに和分作用素をかけた関数、

$$\frac{1+x}{(1-x)^4}$$

を無限級数の形で表したときの x^{n-1} の係数となります。

この係数を求めるために、

$$\frac{1+x}{(1-x)^4} = \frac{1}{(1-x)^4} + \frac{x}{(1-x)^4}$$

として、$(1-x)^{-4}$に2項定理を使うと、$(1-x)^{-4}$を展開したときのx^{n-1}の係数a_nは、

$$a_n = \frac{(-4)(-5)\cdots(-4-(n-2))}{(n-1)!}(-1)^{n-1}$$
$$= \frac{4 \cdot 5 \cdots (n+2)}{(n-1)!}$$
$$= \frac{n(n+1)(n+2)}{1 \cdot 2 \cdot 3}$$

となるので、$\dfrac{x}{(1-x)^4}$を展開したときのx^{n-1}の係数（これは$\dfrac{1}{(1-x)^4}$のx^{n-2}の係数です）

$$\frac{(n-1)n(n+1)}{1 \cdot 2 \cdot 3}$$

と合わせて、

$$\frac{n(n+1)(n+2)}{1\cdot 2\cdot 3} + \frac{(n-1)n(n+1)}{1\cdot 2\cdot 3} = \frac{n(n+1)(2n+1)}{6}$$

という2乗数の和の公式が得られます。もちろん、この公式を出すのに母関数という大道具を使うのはいささか大げさなのですが、これで母関数という道具の使い方が少し分かっていただけると思います。

最後に、母関数を使って円周率πを表す級数を導いてみます。

円周率についてのライプニッツの公式

最初に初項が1の次のような数列

1, 0, -1, 0, 1, 0, -1, 0, 1, …

を考えましょう。この数列は1から始まり、偶数番目の項は0で奇数番目の項は1と-1を交互に繰り返します。ちょっと変わった数列ですが、周期性から三角関数が関係してい

この数列の母関数 $f(x)$ は、

$$f(x) = 1 - x^2 + x^4 - x^6 + x^8 - x^{10} + \cdots$$

ですが、

$$(1+x^2)(1 - x^2 + x^4 - x^6 + x^8 - x^{10} + \cdots)$$
$$= 1 - x^2 + x^4 - x^6 + x^8 - x^{10} + \cdots$$
$$\quad + x^2 - x^4 + x^6 - x^8 + x^{10} - \cdots$$
$$= 1$$

ですから、

$$f(x) = 1 - x^2 + x^4 - x^6 + x^8 - x^{10} + \cdots = \frac{1}{1+x^2}$$

となります。

この式の両辺を0から1まで積分すると、

$$\int_0^1 (1 - x^2 + x^4 - x^6 + x^8 - x^{10} + \cdots) dx = \int_0^1 \frac{1}{1+x^2} dx$$

となります。

右辺の積分を計算してみましょう。この積分は大学初年級で逆三角関数を学ぶと、

$$\int_0^1 \frac{1}{1+x^2} dx = \tan^{-1} x$$

としてすぐに求まるのですが、ここでは置換積分を使って計算してみます。

この積分が $x = \tan\theta$ と置換することで求まるのは有名（?）です。少し注意深い人は要するに $\tan^{-1} x$ の積分と同じことを表面に出さずに計算しているのだと分かるでしょう。

この置換で $dx = \dfrac{1}{\cos^2 x} d\theta$ で、θ の範囲は0から $\pi/4$ までとなりますから、

$$\int_1^0 \frac{1}{1+x^2} dx = \int_0^{\frac{\pi}{4}} \frac{1}{1+\tan^2\theta} \cdot \frac{1}{\cos^2\theta} d\theta$$

です。この値はすぐに計算できて、$\dfrac{\pi}{4}$ です。

したがって、

$$= \int_0^{\frac{\pi}{4}} \frac{1}{\cos^2\theta} \cdot \frac{1}{\frac{1}{\cos^2\theta}} d\theta$$

$$= \int_0^{\frac{\pi}{4}} d\theta$$

です。

ところで、左辺の積分を計算すれば、

$$\int_0^1 (1 - x^2 + x^4 - x^6 + x^8 - x^{10} + \cdots) dx = \frac{\pi}{4}$$

$$\left[x - \frac{x^3}{3} + \frac{x^5}{5} - \frac{x^7}{7} + \frac{x^9}{9} - \cdots \right]_0^1 = 1 - \frac{1}{3} + \frac{1}{5} - \frac{1}{7} + \frac{1}{9} - \cdots$$

ですから、

$$\frac{\pi}{4} = 1 - \frac{1}{3} + \frac{1}{5} - \frac{1}{7} + \frac{1}{9} \cdots$$

というπを表すライプニッツの公式が得られます。

この公式は残念ながら収束が非常に遅いので、πの値を具体的に計算するのには向いていませんが、とてもきれいな公式です。

では最後に、少しだけ変わった視点から数列を眺めてみましょう。

第6章 数列と集合論

もう一度数列とは

　数列という考え方を集合論の文脈の中で考えてみようというのがこの章の目的なのですが、まずもう一度最初の章で述べたことを見直すことから始めましょう。

　数列、

1, 2, 3, 4, 5, …

を考えて下さい、といわれたとき、皆さんはこの数列がどんな数列なのか、どういう理由で分かる、あるいは分かったと思えるのでしょうか。

　もちろん、よほど慎重な、あるいは理屈っぽい人でないなら、この数列が自然数の数列であるということを「自然に」理解するでしょう。それはここに出ている数字列だけで判断するなら、1から順番に数が並んでいることは明らかだからです。

　もちろん、厳密にいうと、この数列の次の数が何であるのかを、ここに現れた情報だけから決めることはできないというのは第1章で説明した通りです。

　しかし、この数列を、

1, 2, 3, 4, 5, ..., n, ...

と書けば、今度こそこの数列をきちんと考えることができます。それは、

「この数列の1523番目の数はなんですか」

という問いかけに対して、

「それは1523です」

と答えることができるからであり、逆に、

「この数列が自然数の数列であるというのなら、236は何番目に出てきますか」

という問いかけに対しても

「236は236番目に出てきます」

と答えることができるからです。

つまり、数列の一般項をnの式で表すというのは、その数列に対する説明責任を果たすことができるということの証でもあるのです。

実際、無限個ある自然数のすべてを私たちが書き出すことは不可能です。それでも私たちがこの数列を理解したと思うことができるのは、一般項の式が説明責任を果たしているということにほかなりません。

別の例で考えましょう。

数列、

2, 5, 10, 17, 26, …

はどうでしょうか。これは自然数列と違い、ちょっと見ただけでは具体的にどんな数列なのか分かりません。階差数列をつくってみると、3, 5, 7, 9, …ですから、どうやら奇数ずつ増えていく数列のようです。したがって、一般項は、

$a_n = 2 + (3 + 5 + 7 + \cdots + 2n - 1) = 2 + (n^2 - 1) = n^2 + 1$

となるようです。これで説明責任が果たせます。この数列の27番目には730という数が並んでいるはずですし、$401 = 20^2 + 1$ ですから、401 は20番目に出てくる、また、$513 - 1 = 512$ でこれは平方数でないから、513 はこの数列には出てこないということが分かるのです。

このように、数列の一般論としては、その数列の n 番目の項が何であるかを示すことができるというのが数列理解の第一歩です。入試問題などで、この数列の第 n 項を求めよという問題が出ることがありますが、それは、数列に対して説明責任を果たすように求めて

理解することが必要になります。
しかし、私たちが分かっていると考えている数列の中にも、この説明責任をきちんと果たすことができない数列もあります。その場合にはどうしても何か別の方法でその数列を理解することが必要になります。

私たちは前に素数がつくる数列、

2, 3, 5, 7, …

を考えました。「これは素数の列です」といわれれば、私たちはその数列を考えることができます。しかし、2014年末現在、この数列の第 n 項がどんな素数になるのかは、明快な n の式としては分かっていませんし（n 番目の素数を表す式はあることはあるのですが、具体的に計算することができません）、特定の素数が何番目に出てくるのかも分かりません。例えば、$2^{13466917}-1$ は 4053946 桁の素数であることが分かっていますが、この素数が素数列の何番目に出てくるのかは知られていません。

私たちは数列 $a_n = n$ や数列 $a_n = n^2 + 1$ が無限数列であることを簡単に知ることができます。しかし、素数列の場合は、これが無限数列であることを別途証明しなければならな

いのです。ここに、ユークリッドの素数の無限性の証明の意味があります。数に順番に番号をふり、何番目はどんな数であるのかを説明することができる、これが数列の基本であることを押さえておいて、ちょっと変わった数列を考えてみたいと思います。

正の分数全体のつくる数列

自然数列や奇数の列は数列として完成しています。つまり、無限数列ではありますが、先に述べたような説明責任を完全に果たせる数列です。では正の分数を数列として並べることができるでしょうか。

ちょっと考えると、これは不可能のような気がします。私たちは普通は $\frac{1}{2}$ の「次の」分数を指定することはできないと考えています。また、二つの分数 $\frac{1}{2}$ と $\frac{1}{3}$ の間には無限にたくさんの分数があります。ですから、分数に通し番号を打ち、それを数列として1列に並べて表現することはできそうにない、というのが常識的な考えです。

しかし実際はそうではありませんでした。この事実は19世紀の終わりにゲオルグ・カントルという数学者により発見されました。カントル自身も当初は自分の発見を信じられなかったようです。ここではこの事実を、少し違った方法で考えてみます。

話を簡単にするため、正の分数だけに限定し、分数はすべて形式だけで考えます。つまり、$\frac{1}{2}$と$\frac{2}{4}$は表現が違っているので別々の分数と考えることにして、約分は考えません。こうしたとき、分数を最初から順番に並べる方法を考えます。第1章で紹介した分数の列を思い出して下さい。それはこんな数列でした。

$$\frac{1}{1}, \frac{1}{2}, \frac{2}{1}, \frac{1}{3}, \frac{2}{2}, \frac{3}{1}, \frac{1}{4}, \frac{2}{3}, \frac{3}{2}, \frac{4}{1}, \cdots$$

いろいろな分数が「大小を考えずに」並んでいます。

$$a_1 = \frac{1}{1}, \ a_2 = \frac{1}{2}, \ a_3 = \frac{2}{1}, \cdots$$

です。どんな規則で並んでいるかというと、分子+分母が一定の数になる分数のグループを、その一定の数が小さい順にならべ、各グループの中では分子が小さいものから順に並べているのです。ここでは数列をつくる規則がはっきりと分かっています。ですから、この並べ方で数列$\{a_n\}$をつくると完全に説明責任を果たすことができます。たとえば、この数列の141項目はどんな分数でしょうか。

$1+2+3+\cdots+n$

が141を越えない最大のnを求めてみると、

$$1+2+3+\cdots+n = \frac{n(n+1)}{2} < 141$$

を解いて、$n<16$ですから、第$(1+2+\cdots+16)$項、つまり第136項までに分子＋分母が17以下の分数がすべて並んでいます。ここから数えて5項目が求める項です。したがって分子＋分母が18となる分数のうち、最初から数えて5番目の分数、つまり、

$\dfrac{1}{17}, \dfrac{2}{16}, \dfrac{3}{15}, \dfrac{4}{14}, \dfrac{5}{13}$

で$\dfrac{5}{13}$がこの数列の第141項です。

逆に、分数$\dfrac{253}{461}$は何項目でしょうか。分子と分母をたすと$253+461=714$ですから、この分数は第713グループの先頭から数えて253番目の項です。したがって、

$1 + 2 + 3 + \cdots + 712 = 253828$

ですから、この分数は $253828 + 253 = 254081$ で、第 254081 項になります。その次の項は $\frac{254}{460}$ で、一つ前の項は $\frac{252}{462}$ ということになります。これでこの数列について、私たちはどんな数列であるのかを説明することができるでしょう。分数の大小関係にしたことは注意しておきましょう。大小関係を犠牲にせずに、分数を数列として表現することはできないことが分かっています。

普通は、ここで述べたような分数の数列を使うことはありませんが、分数が数列として並べられるという事実は、数学史ではとても重要な役割を果たしたのです。ここではこの数列がどんな性質を持つか、ではなく、興味の中心は「隙間なく並んでいるように見える分数でも、ある方法で1列に並べることができる」という事実にあります。いわば、「数列とは数えることができる数の列で、分数でもそう考えることができる」ということが大切だったのです。では、ほかの数でも同じことがいえるでしょうか。

正の実数全体のつくる数列？

（正の）実数全体に数列として番号を打ち1列に並べることができるというのは、様々な意味

でとても驚くべきことです。ではもう一歩進んで、数の集合ならばどんな集合でも数列として1列に並べることができるのでしょうか? たとえば、有理数の全体ではどうでしょうか? じつは有理数の全体も、とても巧みな方法で数列として表現できるのです。まず先頭に0をおき、a_1とします。以下順番に正の分数を前に述べた方法で並べたら、その次に同じ分数に-(マイナス)を付けた数をその間に挿入して並べるのです。実際は次のようになります。

$0, \frac{1}{1}, -\frac{1}{1}, \frac{1}{2}, -\frac{1}{2}, \frac{2}{1}, -\frac{2}{1}, \frac{1}{3}, -\frac{1}{3}, \frac{2}{2}, -\frac{2}{2},$
$\frac{3}{1}, -\frac{3}{1}, \frac{1}{4}, -\frac{1}{4}, \frac{2}{3}, -\frac{2}{3}, \frac{3}{2}, -\frac{3}{2}, \frac{4}{1}, \ldots$

こうして、有理数の全体も数列として一列に並べることができるのです。これはある意味で大変に驚嘆すべき結果ではないでしょうか。常識では有理数は数直線上に隙間なく並んでいるように見えます。つまり、隣の有理数を指定することはできない。したがって順番に番号を付けることはできそうにない。ところが、有理数たちもうまく整理することで、番号を付けて並べることができるのです。

実際は代数的数というさらに広い数の範囲でも一列に並べることができます。

この事実を見てくると、どんな数の集まりでも順番に並べて数列と考えることができるのではないだろうか、と思いたくなります。果たして本当にそうなのでしょうか。
ここでは正の実数の集合について考えてみます。
正の実数を数列として見ることが果たして可能だろうか。

$1, 2, 3, \dfrac{1}{2}, \sqrt{2}, \pi, \dfrac{13}{5}, \cdots$

こんな具合に、ともかくも実数を並べてみました。
この実数の並べ方と、いままでの数列 $1, 2, 3, \cdots$ や、

$\dfrac{1}{1}, \dfrac{1}{2}, \dfrac{2}{1}, \dfrac{1}{3}, \dfrac{2}{2}, \dfrac{3}{1}, \dfrac{1}{4}, \dfrac{2}{3}, \dfrac{3}{2}, \dfrac{4}{1}, \cdots$

との一番大きな違いは何でしょうか。それは…のところにあります。この二つの数列の例では、…の部分は説明されると理解できるのです。この数列が理解できるでしょうし、最後の分数の列の場合は、確かに説明されないと分かりにくいかもしれませんが、いったん説明されれば、前に述べたように、一つひとつの分数について、それがこの数列のどこに出てく

るのかを知ることができます。

ところが、実数の列の場合は、…がどうなっているのか、すっきりと分かることができません。規則がないのです。この列の中に実数 $\dfrac{1+\sqrt{5}}{2}$ がいつ出てくるのか、私たちはまったく知ることができないのです。

この数列の n 番目の数は何ですか? という問いかけや、$\dfrac{\pi}{2}$ は何番目に出てきますか? という問いかけに対して、この数列からは何の規則も引き出せない、いくら眺めていても答が出てこない。このあたりは素数がつくる数列との大きな違いです。素数がつくる数列の場合でも、特定の素数が何番目に出てくるのか、あるいは1億番目の素数は何か、については明確な情報は手に入りません。しかし、素数の列の場合には私たちの「直感と思惟」によって、大小の順に並べられた素数が数列を作っていることが分かります。

どうやら、実数は数列として並べることができないようです。この事実は19世紀の終わりごろ、ゲオルグ・カントルによって発見され、証明されました。それを証明した論理を「対角線論法」といいます。これから対角線論法を説明していきます。そのために、実数とはいったい何なのかということが大きな問題になるのです。

実数とはなにか

　実数とは何でしょうか？　私たちは高等学校までの段階で、「左右に無限に伸びる数直線」というイメージで実数を理解してきました。しかし、ちょっと立ち止まって考えると、小数点以下2兆桁の円周率が本当に理解できているのだろうか、と不安になることがあります。あるいは何万桁にもなる素数といわれると、少しだけめまいがするような気がしませんか。

　じつは実数を数学的に厳密に定義するのはとても難しい問題なのです。これについては、その一つの考え方を後でもう少し詳しく紹介します。

　しかし、数学的な厳密な定義を知らなくても、私たちは実数を日常生活のなかでそれとなく使っています。長さや重さなどの量（連続量）を測定したときに出てくる数が実数で、そこでの実数とは半端が出る、小数で表せる数というイメージだと思われます。そこで、ここでは、

　「実数とは無限に続く小数で表せる数」

と考えましょう。

たとえば、

という感じです。ただ、整数7とか 1/4 などは無限小数になりません。こんなときは、

$7 = 6.9999999\cdots$

$\dfrac{1}{4} = 0.2499999999\cdots$

として、9が無限に続く無限小数と考えることにします。前に説明した、無限等比級数の和の項を参照して下さい。

こうしたとき、正の実数一つひとつを一つの数列であると考えることができます。その数列は0、1、2、…、9の10個の数字と一つの記号「・」(小数点)からできていて、たとえば $\sqrt{3}$ や e なら次のような数列になります。

1. ・, 7, 3, 2, 0, 5, 0, 8, …
2. ・, 7, 1, 8, 2, 8, 1, 8, 2, 8, 4, 5, 9, …

「・」は数ではないので、厳密な意味では数列ではなく「記号列」ですが、我慢しましょう。

これらの数列は、第n項がnの式として明示できているか？ という意味では説明責任を果たしていませんが、素数の列が数列になるというのと同じ意味で、$\sqrt{3}$の小数展開を表す数列、eの小数展開を表す数列といえばその正体が分かります。これをもう少しその意味を広げて、すべての正の実数はこの意味で無限数列として表されると考えて下さい。

ここでは数列をこのようなものとして扱います。

実数とは何かという問いかけは、とても難しい問題を含んでいます。私たちは大昔から数を扱ってきました。実際、自然数1, 2, 3, …は人が考えはじめた頃から扱ってきたもっとも基本的な数でしょう。

数を数えるという行為は、人がものを考える時に一番の基礎となる事柄です。個数や量を比較するという行為から数が発生し、数えるという行為で、数の系列（自然数列）が考えられるようになりました。こうして、様々な量を数で表すことができるようになり、人が扱える世界はどんどん広がっていきました。

しかし、0やマイナスの数が発見されたのはずっと後のことでしたし（無理数の発見のほうがマイナスの数よりかえって早かったというのは、人の考え方の一つの側面を表しているように思えます）、実数全体を数学が考えるようになったのはさらに後の19世紀の終わり頃でした。

しかし、自然数や有限の分数と違って、無限に数が続くかも知れない実数は、そう簡単に理解できるものではありません。中学生が初めて学ぶ無理数$\sqrt{2}$でさえも、数で表すと、1.4142135622…と無限に続く小数になります。前にも述べたように、少し冷静に考えてみると、小数点以下2兆桁などという数値はすでに茫漠としていて、私たちの認識の外にあるのではないでしょうか。

実数をきちんとした数学の定義として規定する方法はいくつか考えられています。よく知られているのはデデキントという数学者による「切断」という方法です。デデキントは有理数の全体を考え、それを二つに「切って」その切り口の様子を考察することで実数とは何かを考えました。拙著『数をつくる旅5日間』（遊星社）あるいは『無限と連続』の数学　微分積分学の基礎理論案内』（東京図書）などをご覧下さい。

ここでのように実数を一つの無限数列と考えるのも実数理論の一つで、これはカントルが最初に考えたことです。

数列の列とカントルの対角線論法

こうして、私たちは一つの正の実数を「・」を記号としてちょうど1回だけ含む数列と考えることができ、逆にこのように記号「・」をどこかで必ず含む数列が一つの正の実数に対応すると考えることができます。すなわち、正の実数とはこうして決まる数列全部のことと考えるのです。

実数を数列と見なすと、私たちの問題「実数全体を一つの数列と考えることができるだろうか」は次のようになります。

「このような数列たちをもう一度並べて『数列の列』をつくることができるだろうか？」

もう少し具体的にいえば、無限個の数列に通し番号をつけて、1番目の数列、2番目の数列、3番目の数列、…と並べることができるだろうかということです。

これは不可能である、というのがカントルが発見した重大な事実でした。数列（という名前の実数たち）は数えられる以上にたくさんある！　数えられる以上にたくさんあるとはどういうことなのか、それを具体的に示したのがカントルの対角線論法という証明方法でした。

この証明はユークリッドによる素数の無限性の証明と並んで、数学でもっともエレガントな証明の一つだと思います。また対角線論法それ自身もその後の数学に大きな影響を与

え、有名なゲーデルの不完全性定理も対角線論法の延長線上にあります。これから、その対角線論法を説明しましょう。

ところで、この説明をしようとしたとき、一つだけ難点があります。それは記号「..」の扱いなのです。実数を実行しようとしたとき、一つだけ難点があります。実数を表す無限数列を考えたとき、もしかすると数字5は一度も出てこないかも知れません。また、「..」はいつ出てくるか分かりません。「..」が1回出てきてしまえば、そこから後は実数の小数部分となり数が決まります。しかし、いつまでたっても「..」が出てこないとき、その数列は数を表しているといえるのでしょうか。無限大は数ではありません。数字ならその数字が一度も使われなくても問題はない。たとえば、

0, .., 3, 3, 3, 3, ...

という数列の中には三つの記号「0, .., 3」しか出てきませんが、確かに実数 1/3 を決めています。

そのために、私たちが扱う数列は記号「..」が必ず1回だけ使われるものとします。0から9までの10個の数字に記号「..」を含めた11個の記号を並べた数列（ただし、「..」はちょうど1回だけ使われている）の全体を考えます。

$$\alpha_1 : a_{11},\ a_{12},\ a_{13},\ a_{14},\ a_{15},\ \cdots$$
$$\alpha_2 : a_{21},\ a_{22},\ a_{23},\ a_{24},\ a_{25},\ \cdots$$
$$\alpha_3 : a_{31},\ a_{32},\ a_{33},\ a_{34},\ a_{35},\ \cdots$$
$$\vdots$$
$$\alpha_n : a_{n1},\ a_{n2},\ a_{n3},\ a_{n4},\ a_{n5},\ \cdots$$
$$\vdots$$

■図41

証明は背理法で行われます。

このような数列の全体、つまり実数の全体が1列に並べられたとして、その数列の列を、

$$\alpha_1,\ \alpha_2,\ \alpha_3,\ \cdots$$

としましょう。

それぞれの α_n はある実数を表す数列ですから、この全体を少し詳しく書くと図41のようになります。

ここで a_{mn} は m 番目の数列の第 n 項です。

さて、仮定によれば、実数を表すすべての数列はこの列の中のどこかに出てくるはずです。そこでこんな数列を考えましょう。

$$b_1 \neq a_{11},\ b_2 \neq a_{22},\ b_3 \neq a_{33},\ \cdots\ b_n \neq a_{mm}$$

どんな数列かというと、対角線でそれぞれの数列

の項と異なっている数列です。ただし、この場合も「・」についての条件を満たしているようにします。具体的にはどこかに数字が出た場合、そこで1カ所だけ「・」を使うことにします。たとえば、明確にするために2番目に出てくる対角線の数字を「・」で置き換えると約束しましょう（2番目にしたのは数列が「・」から始まるのを避けるためです）。

対角線に注目したというのがカントルの天才的なアイデアでした。

この数列、

$\beta : b_1, b_2, b_3, \ldots, b_n, \ldots$

は「・」の約束によって、一つの実数を表す数列になっています。ですからこの列の中には決して出てこないのです。しかし、この数列βはこの列の何番目かに出てくるはずです。

なぜでしょうか？

βは最初の数列α_1でしょうか？ 違います。なぜかといえば、最初の数がα_1と違っているからです。

では2番目の数列α_2でしょうか？ 違います。なぜかといえば2番目の数がα_2と違っているからです。…以下同様に進み

これでからくりが分かりました。対角線に着目することで、すべての数列と異なる数列をつくることができたのです。これで、実数を表す数列が1列に並べられたというのが間違いであることが分かります。

背理法が完成しました。すべての数列を1列に並べ「数列の列」をつくることは原理的に不可能なのです。対角線論法というエレガントで明晰な証明を味わって下さい。確かに円周率πを、

$\pi \colon 3, \cdot, 1, 4, 1, 5, 9, 2, 8, 5, 3, \cdots$

と表現することは可能のようです。たとえ第n項が何であるか分からなくても、πの値をずっと計算していくことは原理的には可能なので、私たちは「これがπの無限数列としての表現です」という言葉を納得して受け入れることができます。

しかし、名もない実数（ほとんどすべての実数は名もない実数です！ 無名の栄光！）xについて、xを無限数列として表すことが本当に可能なのでしょうか？ それについて考えてみたいと思います。

実数を無限数列で表すということ——区間縮小法をめぐって——

カントルの対角線論法には二つの重要な論点があります。一つはなんといっても、対角線論法という言葉が示すとおり、数表の対角線に着目するということです。これはコロンブスの卵のようなもので、あとから学ぶ私たちはそのアイデアを感心しながら鑑賞するということになるのでしょうが、最初にこの論法を発見したカントルの天才は特筆すべきことでした。対角線から数を選ぶことで、どの行どの列からも、もれなく数を拾い出すことができるのです。もう一つは実数を無限小数で表すということです。対角線に着目するというアイデアは実数を無限小数で表すということと一体になってその威力を発揮したのでした。

では、実数を無限数列として表すというのはどういうことなのでしょうか。私たちは何気なく「無限に続く小数」という言葉を使っていますが、一番簡単な無限小数、

$$\frac{1}{3} = 0.33333333\cdots$$

でも、その無限に続く小数の尻尾のことを考えると、夜も眠れないのではないでしょうか。

実数を無限数列で表すということ ―区間縮小法をめぐって―

ここでは例として $\sqrt{2}$ という数をとってみましょう。

もちろん $\sqrt{2}$ は「2乗すると2になる正の数」ですが、この記号が一種の略記法になっていることに注意して下さい。$\sqrt{2}$ は「　」の中の言葉を記号で表したもので、実際にどのような数になるのかはよく分からないというのが本当のところです。

しかし、$\sqrt{2}$ を小数で表すと、

$\sqrt{2} = 1.41421 3562\cdots$

となることは多くの中学生が学んでいます。あるいは、この数が無限に続く循環しない小数となることも高校生が学びます。これは背理法（帰謬法）という数学でもっとも大切な論理の一つの典型的な例でした。

では、ここに現れている数列 $1, \cdot \cdot 4, 1, 4, 2, 1, 3, 5, 6, 2\cdots$ はどのようにして決まっているのでしょうか。別の言葉で言えば、$\sqrt{2}$ がこのような無限小数で表せるのはなぜでしょうか。ここには実数とは何かというとても難しい問題が潜んでいたのです。

$\sqrt{2}$ という数は、数の世界では有名な数で、いわば数の世界の有名人です。数 $\sqrt{2}$ については、次のようなアイデアで、この数を表す無限数列の各項を決めていくことができます。

まず、記号 $\sqrt{2}$ が「2乗すると2になる正の数」の略記法になっていることにもう一度

注意しておきましょう。

さて、

$1^2 < 2 < 2^2$

ですから、$\sqrt{2}$ は1と2の間のどこかにあります。そこで、この区間を10等分して、$\sqrt{2}$ がこの10等分された小区間のどこに入るのかを調べてみます。すると、

$1.4^2 < 2 < 1.5^2$

となることが分かるので、$\sqrt{2}$ が1.4と1.5の間にあることが分かります。そこで、この小区間をもう一度10等分してみると、

$1.41^2 < 2 < 1.42^2$

となるので、$\sqrt{2}$ が1.41と1.42の間にあることが分かり、以下同様に区間を次々に10等

分し $\sqrt{2}$ がそのどこに入るのかを調べていくことで、

$\sqrt{2} = 1.41421 3562\cdots$

となることが分かるのです。こうして、私たちは $\sqrt{2}$ を表す無限数列を手に入れることができます。

このとき、この手続きを通して、次のような事実が分かったことになります。

区間縮小法という方法

一般に $a \leqq x \leqq b$ となる実数の全体を閉区間といい、記号 $[a, b]$ で表します。すると、上のプロセスにしたがって、$\sqrt{2}$ という実数に対応して、

$[1, 2] \supset [1.4, 1.5] \supset [1.41, 1.42] \supset \cdots$

という、中へ中へとどんどん縮んでいく閉区間の列がつくれます。この区間の列が $\sqrt{2}$ の無限数列による表現に対応しているのです。最初の区間が実数の整数分を決め、2番目

の区間が小数第1位の数を決め、3番目の区間が小数第2位の数を決め、という具合に、無限数列としての実数が順に決まっていきます。

このように、順に中へ中へと入れ子に、しかもその長さがどんどん縮まっていく閉区間の列を一般に、閉区間の縮小列といいます。

いまの場合、問題となっていた性質を使って$\sqrt{2}$という数の世界のスーパースターで、$(\sqrt{2})^2 = 2$だったので、その性質を使って$\sqrt{2}$を決める閉区間の縮小列をつくっていくことができました。区間を10等分して、考えている数がどの区間に入るのかを調べ、また10等分するという操作を繰り返していくことで、その数を10進記数法で表したときの表記、つまりその数を表す数列を求めることができます。

数直線を考えて下さい。その上には原点を表す0と、単位の位置をきちんととっておくことは大切です。数直線を考えるときに原点と単位をきちんととっておくことは大切です。数直線とはただの直線ではなく、その上で数を表すことができる構造を持った直線なのです。

さて、この数直線上に勝手に点をとると、その点が一つの実数xに対応します。勝手に取った点なので、いわば、$\sqrt{2}$のようなスーパースターではなく、無名の数です。この数x＝点に対しても同じプロセスを実行することができます。最初にxが入っている整数の区間$n \leq x < n+1$を求めます。これが数直線の構造です。

243　実数を無限数列で表すということ ―区間縮小法をめぐって―

次に、この区間を10等分した小区間をつくり、xがその中のどれに入っているのかを調べます。

こうして $n_1 \leqq x < n_1 \cdot (n_1 + 1)$ という小区間がつくれ、それをさらに10等分するということを繰り返す、こうして、無名の数 x を表現する閉区間の縮小列をつくることができます。この縮小列からはこうして x を表現する無名数列 n ．．$n_1, n_2, n_3,$ …をつくることができるでしょう。

区間を10等分して、縮小列をつくったのは、私たちの数の表記が10進記数法になっているからで、10等分ということに本質的な意味はありません。長さが0に縮んでいく閉区間の列ということが大切だったのです。

しかし、少しだけ不安がないわけではありません。それは、無名の数 x を扱うのに数直線という幾何学的なイメージを用いた点です。

実数とは何か？　それは直線上に並んでいる点のことだ、というのがこのイメージの基本です。その点の位置を数直線という構造を使って数で表すと、一つの点が一つの実数に対応し、実数の表記が定まるということでした。では数直線というイメージを使わずに、実数を考えることができるだろうか。そこで数学は大逆転の発想で、次のようにしてこの事実をきちんと基礎付けしたのです。これを実数の連続性の公理といいます。

[実数の連続性の公理]
閉区間の縮小列は必ずただ一つの実数を定める

数直線上に一つの実数をとれば、前のようなプロセスで閉区間の縮小列をつくることができます。連続性の公理はその逆が成り立つことを要請しています。いわば、閉区間の縮小列そのものが実数だ、ということです。

この公理はこれと同等ないくつかの公理とともに、実数という不思議な集合の性質を規定しています。この実数論は数列という題材を離れても、とても興味深い数学を展開してくれるのですが、ここではこれ以上の深入りは避けます。興味がある方は拙著『「無限と連続」の数学　微分積分学の基礎理論案内』（東京図書）をご覧下さい。

では最後にもう一度、数列についてふり返ってみましょう。

終わりに　もう一度、数列とは何だろうか

さて、6章にわたって数列と級数について様々な話題をお話ししてきました。数を並べた列という素朴な考え方が、数学のいろいろな分野でどのように発達し活躍してきたかがうまく伝わってくれたでしょうか。高校で扱う数列とはちょっと違った側面が見えたのではないか、と思います。

数列はそれ自身が数学の研究対象であることはもちろんですが、数学的な概念を表現する方法という側面を持っていました。たとえば、オイラーに源を持つゼータ関数などがその代表的な例です。級数を使って関数を表すことで、現代数学の大変に豊穣な地平が拓けたのです。

ところで、私たちが数を学び始めた小学生の頃に最初に出会う数たち、

1, 2, 3, 4, 5, 6, …

がそもそも数列でした。子どもたちはごく自然に、この列から無限のもっとも素朴な形とその香りをかぎ取っているのでしょう。ここから始まって、一定の規則で並んでいる数

の列が数学の研究対象になったのでした。その規則をどう考えるかには段階があります。

(1) a_n が明示的に n の式で与えられる場合

たとえば、

$$a_n = 2^{2^n} + 1$$

という数列は第 n 項が具体的な n の式で与えられているので、原理的にいつでも計算することができます。「原理的に」というのは数学のアリバイづくりのようなもので、この計算は n がちょっと大きくなると、現実にはコンピュータでも計算できません。最初のいくつかを書いてみると、

5, 17, 257, 65537, 4294967297, …

となります。これは有名な数列で、フェルマーは $n=0$ のときの $a_0 = 3$ も含めて、これらの数がすべて素数になると予想しました。事実、

5, 17, 257, 65537

はすべて素数なのですが、その次の数 4294967297 は素数ではありませんでした。オイラーがその素因数分解 641 × 6700417 を発見しています。

数列の項 a_n が n の式で与えられるということは、何回も述べたように、その数列に対する説明責任を果たすことができることにほかなりません。こうして、私たちは無限の彼方に消え去っている数列を、あたかも完結したモノのように想像することができるのです。

(2) 漸化式が与えられている場合

たとえば、

$$a_1 = 1, \ a_{n+1} = a_n + \frac{1}{a_n}$$

という数列は、1 から出発して順番に数列の項を決めていくことができますから、原理的には数列が決まっていると考えていいでしょう。

この例なら、

となります。

$$1, 2, \frac{5}{2}, \frac{29}{10}, \frac{941}{290}, \cdots$$

漸化式で数列を規定するのは、ある意味とても自然なことです。それは数列とは数の列(何のことか!)なのだから、数が順番に並んでいるという事実の現れでもあります。自然数の数列でも「1をたす」という行為を漸化式と見ることができ、$a_{n+1} = a_n + 1$として数列が規定されます。しかし、漸化式の場合、いつでも a_n が n の式で明示的に表現できるとは限りません。したがって、この場合は(1)の数列に比べると「分かった!」といえる程度が落ちているのでしょう。

フィボナッチ数列の場合、私たちはビネの公式という一般項 a_n を表す公式を手に入れることができましたが、これがないと、フィボナッチ数列の項を最初から順番に計算していくほかありません。この場合でも、原理的には第100項でも第100000項でも計算できるはずですが、現実問題としてはコンピュータを使っても計算できないものはたくさんあります。それでも、漸化式が分かれば、(1)の場合と同様に、私たちは無限数列を想像することができると思います。

(3) 数列が一般項や漸化式ではなく、数列全体の性質によって規定されている場合

たとえば、素数がつくる数列、πの小数展開がつくる数列、乱数列、などは、いわばはっきりとした説明責任を果たしているとはいえない側面があります。

私たちは「n番目の素数」を知りませんし、πの小数展開はスーパーコンピュータを駆使してたくさん知っているわけではありません。ちなみに、πの小数展開は1兆桁以上計算されていて、金田康正が世界記録を持っています（現在は12兆桁以上計算されているようです）。ちなみにπの1兆桁目の数字は2だそうです。

このような場合でも、私たちは無限に続く数列がどのようなものなのか「分かっている」と考えます。それは、素数とか円周率などの概念が数学的に明確に規定されているからで、私たちがこれらの数列を「完全に分かった！」とはいえないまでも、その存在を納得しているのは、いわば数学への信頼感の表れだと思うのです。

素数列が無限数列になること、円周率πの小数展開が循環しない無限小数としての無限数列になることなどは、すべて数学として証明されています。これらの証明が背後でこれらの数列の存在感を支えているのです。

また、最後に少しふれた、「数を選んで数列をつくる」という行為の背後には、選択公理という現代数学の根底を支える公理があります。私たちは普段それと意識することなしに数列を考えますが、数と限らず、対象を並べるという行為は突き詰めて考えると少し

ここでは「区間縮小法」という実数を定めている原理を紹介し、それを使うことで、実数が一つの無限数列として表されることを見ました。

このように数列を決めている規則には様々なものがあり、それぞれが大切な役割を果たしています。おそらく私たちがある数列について完全に「分かった！」といえるのは、その数列が(1)のようにnの関数として表されるときでしょう。しかし、現実の数列としては(2)のように漸化式で与えられる場合も多いはずです。この場合は漸化式を扱う様々な技術が開発されています。本書ではそのうちの代表的な二つ、差分方程式と母関数を紹介しました。どちらも奥が深く、難しい技術に結びついていますが、興味のある方はぜひ専門書を参考にして下さい。

本書を通して、数列と級数という一見単純な数学の対象が、案外奥深いものだということが伝わればとても嬉しいです。

難しい（かなり難しい？）ものなのです。

文庫版おわりに

本書は2008年に『読む数学』パート2として、『読む数学 数列と級数がわかる』というタイトルで出版されました（ベレ出版）。今度『読む数学』とおなじ角川ソフィア文庫の一冊として『読む数学 数列の不思議』と改題され、もう一度読者の手に渡ることになりました。

前著『読む数学』が数学全体を視野にいれ、数学という学問の全体像を用語の解説という形で伝えようと意図したのに対して、「数列の不思議」は数列と級数という特定の分野に限ってそこでのいくつかのトピックスを伝えようとしたものです。数列と級数は、用語としては、高等学校の数学で初めて出てくるもので、受験生などには顔なじみでしょう。大学入試問題でも、時々とてもユニークな面白い問題が登場することがあります。本書でも入試問題から採録した問題をいくつか紹介しました。

しかし、よく考えてみると、小学生が初めてであう数たち、1, 2, 3, ...、がそもそも数の並びなのですから数列に違いありません。小学生、中学生たちはそれと気づかないまま数列に親しんでいます。

中学校の文字指導の分野で典型的な問題、例えば碁石を正方形の形に並べていくときの

碁石の個数などは数列という数学用語が出てこないだけで、数列の問題にほかなりません。おそらく数の並び方の規則性の発見や、その並び方の中に特定の数が出てくるか来ないか、などの問題は実用的な意味合いと同時に、数学が生まれたその時からの、人類の知的な好奇心の対象だったに違いないと思います。

それらの素朴な好奇心が数学の発展と結びついたとき、奇数列の中に無限に素数が出てくるだろうか、あるいは等差数列の中に無限に素数が出てくるだろうかという問いと結びついたのだと思います。

集合論におけるカントルの対角線論法も少し視点を変えると、数列の数列をつくることができるだろうか、という問題であるとも考えられます。また、特定の興味深い数列、フィボナッチ数列やファレイ数列などは、現在でもその性質が研究されていて、たくさんのアマチュア数学者がいろいろな視点で研究を続けています。それは専門の数学研究と並行して数学の裾野を広げ、数学を楽しむ一つの形でもあるのです。

数学史的に見ると、自然数の逆数が作る調和数列や、自然数の2乗の逆数が作る数列などの和の問題は当時の第一線の数学者たちの研究対象でしたし、そこからリーマンのゼータ関数などの現代数学の最先端が開かれる突破口にもなったのです。

本書はそんな数列や級数の面白そうな話題を選んで解説しました。特定の分野に踏み込んだだけ、前著『読む数学』に比べると数学を展開する度合いが強まり、証明や数式など

も少しだけ難しくなりました。

ただ、いわゆる専門知識は極力避けるように読めるように工夫してあります。また、横書きになっている囲みの証明などは省略して読んでも、本書の流れは摑めるだろうと思います。

数学を理解する一つの方法は、厳密性に捉われることなく、流れに乗ってその数学がやろうとしていることや流れの意味を全体的におおまかに摑まえることだと思います。厳密性はその後でおおまかな理解を補足し補強するためにあります。その意味で、あまり細部にこだわることなく読んでいただければ幸いです。

前著に引き続き、本書を文庫化できたのは角川ソフィア文庫編集部の大林哲也氏のご尽力によります。愛着のある本に注目してくださったことに心から感謝いたします。

2014年9月

瀬山士郎

参考文献

1 『素数の分布』 内山三郎 (宝文館出版)
2 『フィボナッチ数の小宇宙』 中村滋 (日本評論社)
3 『素数の世界』 パウロ・リーベンボイム (共立出版)
4 『素数大百科』 クリス・K・コールドウェル編 (共立出版)
5 『オイラー入門』 W・ダンハム (シュプリンガー・フェアラーク東京)
6 『数をめぐる50のミステリー』 ジョージ・スピロ (青土社)
7 『選択公理と数学(増訂版)』 田中尚夫 (遊星社)
8 『なっとくするオイラーとフェルマー』 小林昭七 (講談社)
9 『数の本』 J・H・コンウェイ R・K・ガイ (シュプリンガー・フェアラーク東京)
10 『無限と連続』の数学 微分積分学の基礎理論案内』 瀬山士郎 (東京図書)
11 『数をつくる旅5日間』 瀬山士郎 (遊星社)
12 『なっとくする集合・位相』 瀬山士郎 (講談社)

本書は2008年3月、ベレ出版から刊行された単行本『読む数学　数列と級数がわかる』を文庫化したものです。

読む数学　数列の不思議

瀬山士郎

平成26年10月25日　初版発行
平成31年 1月30日　再版発行

発行者●郡司 聡

発行●株式会社KADOKAWA
〒102-8177　東京都千代田区富士見2-13-3
電話 03-3238-8521（カスタマーサポート）
http://www.kadokawa.co.jp/

角川文庫 18835

印刷所●大日本印刷株式会社　製本所●大日本印刷株式会社

表紙画●和田三造

○本書の無断複製（コピー、スキャン、デジタル化等）並びに無断複製物の譲渡及び配信は、著作権法上での例外を除き禁じられています。また、本書を代行業者などの第三者に依頼して複製する行為は、たとえ個人や家庭内での利用であっても一切認められておりません。
○定価はカバーに明記してあります。
○落丁・乱丁本は、送料小社負担にて、お取り替えいたします。KADOKAWA読者係までご連絡ください。（古書店で購入したものについては、お取り替えできません）
電話 049-259-1100（10:00～17:00/土日、祝日、年末年始を除く）
〒354-0041　埼玉県入間郡三芳町藤久保 550-1

©Shiro Seyama 2008, 2014　Printed in Japan
ISBN978-4-04-409473-7　C0141